CW01621520

L'ODYSSÉE DE L'ESPÈCE

L'ODYSSÉE DE L'ESPÈCE

SOUS LA DIRECTION D' YVES COPPENS

NICOLAS BUCHET
PHILIPPE DAGNEAUX

EpA

SOMMAIRE

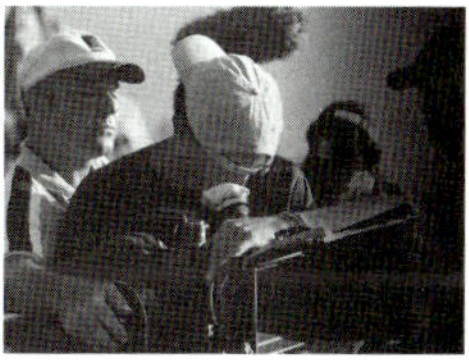

UNE ÉTONNANTE HISTOIRE

YVES COPPENS

L'histoire de l'Homme est une histoire tout à fait étonnante.

Or, lorsque l'on découvre une histoire étonnante, on a envie de la raconter.

M'efforçant depuis plus de quarante ans d'étudier et d'éclaircir cette histoire-là, c'est en tout cas ce qui m'est arrivé. Et j'ai utilisé tous les moyens que j'ai pu pour la faire connaître, par l'écriture, la parole et l'image par exemple, en elles-mêmes ou en de multiples combinaisons ; il me manquait le film. Jean-Louis Remilleux, Christian Gerin, Michel Cymes m'avaient fait, au fil des années, des propositions en ce sens, mais elles ne s'étaient pas concrétisées. C'est la rencontre, au tournant du siècle, d'un autre homme de l'art, Hervé Dresen, que l'histoire de l'Homme passionnait aussi, qui permit au projet d'aboutir. Hervé Dresen accompagnait chaque matin son fils à l'école maternelle du boulevard Richard-Lenoir et je faisais de même avec le mien ; Hervé Dresen et moi-même nous rencontrions donc souvent, assez en tout cas pour bavarder d'évolution de l'Homme et de cinéma.

Il en sortit un film au joli nom de *L'Odyssée de l'espèce*, produit par Transparences (Charles Gazelle et Hervé Dresen), 17 juin (Christian Gerin), France 3 (Patricia Boutinard-Rouelle), Pixcom (Canada) et quelques autres sociétés étrangères (belge, suisse, anglaise, allemande, italienne), décliné en une version de 90 minutes et une version de trois fois 52 minutes. J'écrivis le premier synopsis d'une douzaine de pages qu'Hervé Dresen développa et traduisit en langage de son monde et il s'ensuivit l'enchaînement classique – je devrais dire le déchaînement – des scénarios, découpages, *story boards*, récits et dialogues, que j'eus à réviser chaque fois. La pièce maîtresse – le réalisateur – fut bientôt choisi d'un commun accord de toutes les productions : Jacques Malaterre fut l'élu et il fit merveille. Une équipe spécialisée dans l'image de synthèse et une équipe spécialisée dans la fabrication des masques, sous le contrôle permanent de quelques collaborateurs – Anne-Marie Bacon, Christine Berge, Fabrice Demeter, Sandrine Prat – et de moi-même, furent retenues pour représenter les pré-humains et les humains – nos acteurs –, leurs looks et leurs mimiques, leurs locomotions et leurs comportements. Des lieux de tournage et des collègues furent choisis, les uns pour le fil essentiel de la grande Histoire, les autres pour quelques épisodes sélectionnés de l'histoire de l'Histoire. Et ce fut l'action, avec un collègue relais en Afrique du Sud, Francis Thackeray, un collègue relais au Canada, Michael Bisson.

Le film s'est proposé, est-il besoin de le préciser, de raconter en prenant un peu d'élan au creux du monde des pré-humains (10 millions d'années), la merveilleuse saga des 3 millions d'années de l'histoire de l'Homme, de la croissance de son esprit, du développement de ses technologies, de l'extension de son territoire. Mais, aussi brillants qu'aient pu être le cours de cette histoire et par suite celui de son récit, le discours demeurait un peu sévère pour une partie de la commande : intéresser et retenir le public d'un *prime time*. Je me suis alors souvenu de la réponse d'un collègue finlandais, Björn Kurten, qui réalisait d'excellents documents pour la télévision sur des sujets de paléontologie, à la question que je lui avais posée sur les éventuels « trucs » qu'il employait pour avoir d'aussi bons résultats et un pareil succès : « Reste toujours en deçà du *shit point* », m'avait-il répondu. Je me suis ainsi contenté d'appliquer son conseil ; chaque fois que je sentais que l'on approchait du fameux point (que je me refuse à traduire), je suggérais une petite histoire, évidemment imaginée, pour éviter le zapping.

Et un soir de janvier 2003, 8 millions de téléspectateurs ont regardé sur France 3 notre film sans zapper. Merci Björn, merci Hervé, merci Jacques, mais merci aussi à Charles, Christian, Patricia, Francis et Michael, Frédéric et Barthélemy (les frères Fougea, dont l'un a écrit et l'autre géré), merci aux scénaristes, aux acteurs, aux magiciens de l'image et du son, à ceux de la synthèse et du masque et à tant d'autres qui, dans une telle entreprise, sont si nombreux et si précieux à toutes les étapes de la création !

Une avalanche de courrier nous a encensés. Quelques messages, heureusement très rares, ont été critiques : un enseignant a trouvé Orrorin quelque peu téméraire de décider de lui-même le redressement de son corps ; il n'avait pas tort, mais le hasard darwinien qu'il me dit professer n'est, il faut bien le dire, pas plus convaincant. Une spectatrice végétarienne s'est rebellée devant nos déclarations par trop en faveur de la consommation de viande ; elle n'aurait pas eu tort si nos déclarations avaient été générales, mais elles étaient en fait énoncées, comme toujours en paléontologie, pour un temps, un lieu et une espèce ; en l'occurrence le genre *Homo*, une fois, il y a trois millions d'années, en Afrique tropicale ; l'Histoire est événementielle, l'Histoire de la vie aussi. Un romancier a trouvé les préhistoriques très laids ; si j'avais à refaire le film, je pense en effet que je les ferais plus beaux. Mais ce film est un essai, pionnier dans l'usage des personnages de synthèse et de leur enchaînement avec les acteurs réels masqués, le tout pour un très grand public. Nous voulions faire partager notre émerveillement devant notre propre histoire, faire connaître au plus grand nombre notre origine unique, animale, tropicale, l'émergence de notre conscience, de notre émotion, de notre réflexion, la montée de notre pensée, de notre spiritualité, de notre inventivité, l'acquisition de notre dignité par-delà les millénaires ; et j'espère qu'il restera quelque chose de ce grand message d'humilité, de fraternité, de tolérance et en même temps de fierté, de progrès et d'espoir.

Pour célébrer la sortie du DVD regroupant l'ensemble de la production et son *making of*, les éditions EPA ont eu l'agréable initiative d'éditer ce joli livre reprenant, grâce à la collaboration d'un scientifique et d'un écrivain, la grande histoire de l'Homme, que chacun devrait connaître parce que c'est son histoire et que c'est aussi la plus belle histoire du monde.

LES PREMIERS BIPÈDES

LES PRÉCURSEURS

Contemporains des derniers Dinosaures, les premiers vrais Mammifères apparaissent il y a presque 70 millions d'années. Après la disparition des grands Sauriens, les Mammifères occupent toutes les niches écologiques laissées libres. Ils évoluent et se diversifient. C'est le début de la grande aventure que nous vivons toujours.

LE VERTIGE DU TEMPS

Il y a dix millions d'années se produit un phénomène : une lignée de primates donne naissance aux premiers pré-humains. La merveilleuse histoire de l'espèce humaine commence.

La vie sur Terre est un phénomène relativement récent au regard de l'ancienneté de l'Univers. Elle a eu besoin de temps, besoin du Temps, pour apparaître, pour se développer, pour se diversifier. La merveilleuse aventure de l'espèce humaine s'inscrit dans cet immense creuset universel, ce grand brassage qui engendre les amas de galaxies comme les particules les plus élémentaires.

Le Temps a d'abord connu un âge cosmologique, puisqu'il prend sa source dans la naissance même de l'Univers, il y a environ 15 milliards d'années. C'est alors qu'apparaissent protons, neutrons et électrons, les composants de base de toute matière. Les premières étoiles se constituent, qui synthétisent les éléments chimiques essentiels au cosmos.

CI-DESSUS
Après la disparition des dinosaures, il y a 65 millions d'années, seuls quelques reptiles, (photo de gauche), survécurent. Les Primates, opportunistes, en profitèrent pour occuper toutes les niches écologiques laissées vacantes par ces grands Sauriens.
À droite : la forêt tropicale humide.

Dix milliards d'années plus tard, le Temps devient géologique. La Terre se forme, en effet, il y a 4,6 milliards d'années, quelques centaines de millions d'années seulement après le Soleil, constituant le substrat solide sur lequel un phénomène extraordinaire va pouvoir se développer : la vie. Notre planète est actuellement, dans l'Univers, l'unique havre connu à abriter la vie. Le Temps entre alors dans l'âge biologique. Les scientifiques ignorent encore quels sont les conditions et les mécanismes précis ayant présidé à cet avènement. Mais ils savent que les bactéries unicellulaires sont les premières formes vivantes à se développer dans les océans, il y a 3,8 milliards d'années. Puis, il y a près de 600 millions d'années, les milieux marins littoraux accueillent algues, éponges, méduses et vers : c'est l'explosion biologique du Cambrien.

Il faut attendre 470 millions d'années pour qu'apparaissent les poissons cartilagineux, dont certains, poussés par on ne sait quelle nécessité, coloniseront la terre ferme, en même temps d'ailleurs que les plantes. Les fossiles les plus anciens de ces organismes ayant vécu à l'air libre datent de 435 millions d'années (Silurien). Les premiers mammifères, issus des reptiles, apparaissent il y a 200 millions d'années. Contemporains des dinosaures, ils vont donner naissance à la majeure partie des ani-

CI-DESSUS
Les Bonobos, ou « Chimpanzés nains » (ils sont pourtant aussi grands que les Chimpanzés communs), seraient nos plus proches parents. En effet, 99,9 % de nos gènes sont communs avec les leurs. Par ailleurs, ils ont, dans certaines occasions, des comportements identiques aux nôtres.

maux que nous connaissons (vache, cheval, éléphant, singe...). Ces mammifères représentent une forme vivante véritablement innovante : le petit naît déjà formé et sa mère possède des mamelles pour l'allaiter. Ils sont couverts de poils. Les singes le sont aussi, mais des muscles faciaux les rendent plus expressifs et, surtout, ils sont dotés d'un cerveau plus complexe.

Les mammifères engendrent des lignées évolutives qui colonisent des niches écologiques spécialisées. Parmi eux se distinguent les primates, les singes au sens large. Leur plus vieil ancêtre, *Purgatorius*, a été découvert en Amérique du Nord. Ressemblant à un petit rongeur, il est contemporain des derniers dinosaures, c'est-à-dire qu'il a vécu il y a 67 millions d'années. Les primates se distinguent par un nombre de dents précis (44), par un pouce opposable équipant les mains et les pieds, par une migration des orbites vers l'avant de la face, renforçant leur perception des couleurs et la vision en trois dimensions.

Il y a 50 millions d'années, ces singes conquièrent la canopée et, en se suspendant aux branches par les mains, découvrent la verticalité. Au sol, ils pratiquent une forme élémentaire de bipédie, sur de courtes distances, et utilisent des « outils ».

Comme les Chimpanzés actuels, ils fouillent les nids de fourmis et de termites avec un bout de bois ou brisent des coquilles entre deux pierres.

Enfin débute le Temps humain. Il y a 10 millions d'années, quelques singes sont à l'origine de notre histoire. On ne sait pas très bien comment cela s'est produit, mais les primates se scindent en deux grandes familles : d'un côté, celle des pré-humains, de l'autre, celle dont sont issus Gorilles et Chimpanzés. Les pré-humains font une entrée plutôt discrète, mais décisive, sur la scène du monde. Au fil des millénaires, ils vont arpenter la planète dans toutes les directions, s'adapter à toutes les situations de climat, d'altitude, de prodigalité ou d'aridité des territoires parcourus. Leur branche se sépare nettement de celle des Simiens. La bipédie est leur première grande innovation, complétée par un prodigieux développement de l'intelligence. En très peu de temps à l'échelle des phénomènes terrestres, il assoit sa prééminence sur la Terre et sur la vie qu'elle porte. Ce sont ces 10 millions d'années palpitantes que nous allons explorer.

Les Bonobos

Il y a quelques années, des chercheurs se sont penchés sur l'une des deux espèces actuelles de Chimpanzés, les Bonobos, ou *Pan paniscus*. Et ils ont découvert que ces Chimpanzés-là étaient très proches de nous. Plus proches que ne le laissait supposer la lointaine séparation de notre lignée d'avec la leur. Les Bonobos présentent un corps plus gracile et plus souple que celui de leur cousin direct, *Pan troglodytes*. Vivant eux aussi en société, les Bonobos sont moins agressifs que les autres Chimpanzés ou même que les humains. Certains de leurs comportements sont identiques aux nôtres. Si leur sexualité peut paraître débridée, elle sert surtout à équilibrer les relations entre individus à l'intérieur d'un groupe. Ce sont en revanche les seuls animaux à pratiquer, comme les hommes, l'accouplement face à face. Mais le plus surprenant est leur mode de locomotion. Bien qu'ils soient les plus arboricoles des grands singes africains, ils se déplacent volontiers sur leurs deux jambes lorsqu'ils sont à terre. Les études ont montré que les mêmes muscles des hanches et du dos sont sollicités pour marcher et pour grimper aux arbres. Les Bonobos n'en sont pas pour autant nos ancêtres, mais nos plus proches parents. Ils partagent avec les humains des caractères légués, il y a plus de 10 millions d'années, par un ancêtre commun africain.

EAST SIDE
STORY

Depuis l'origine, la Terre est le siège de nombreux bouleversements telluriques. Les continents se rencontrent et se séparent au gré des forces souterraines. Les climats se modifient. Contraints de s'adapter, les Hominidés évoluent vers le genre *Homo*.

Les primates en général, et les singes en particulier, sont originaires des régions tropicales chaudes et humides de l'époque, notamment l'Amérique du Nord et l'Europe. L'évolution d'une partie d'entre eux, les Hominidés, est corrélée avec une crise climatique majeure, qui dure 8 millions d'années. Les refroidissements et les réchauffements se succèdent, modifiant les conditions de vie des végétaux et des animaux. Cet événement essentiel va déclencher, en Afrique, le début de l'évolution des Hominidés vers le genre *Homo*.

Pour des raisons essentiellement astronomiques, la Terre prend véritablement un coup de froid. En effet, sa distance au Soleil et la position de son axe sur son orbite même induisent des modifications climatiques globales. Elle se dote de zones arides le long des ceintures tropicales. La calotte polaire antarctique croît et le niveau général des océans baisse. De grands mouvements de migration animale s'opèrent, notamment entre l'Europe et l'Afrique. Les scientifiques ont confirmé ce changement grâce aux fonds océaniques, qui l'ont enregistré dans leurs sédiments datant de cette période.

À la même époque, de grands mouvements tectoniques bouleversent la géographie du continent africain, notamment dans sa partie est. La dérive des continents est directement responsable de ces déplacements en surface. Débuté il y a 17 millions d'années, le phénomène de rifting – un soulèvement de la croûte terrestre, suivi d'un effondrement, et accompagné de séismes et d'éruptions volcaniques – est réactivé.

Après l'érection d'une première barrière de montagnes sur la lèvre orientale de ce gigantesque fossé de six mille kilomètres de long, à l'époque du Burdigalien (20 millions d'années), la

PAGE DE GAUCHE
Le paysage de savane qu'ont pu rencontrer les premiers Hominidés devait beaucoup ressembler à celui-ci.

De part et d'autre du grand Rift, la vie va suivre des chemins différents. Les Grands Singes se trouvent séparés en deux groupes par cette faille. À l'ouest, ils deviendront nos plus proches cousins ; à l'est, naîtra bientôt un nouvel être : l'Homme.

Les trois lignées africaines

Humains, Chimpanzés et Gorilles seraient issus des trois lignées qui, il y a 8 millions d'années, auraient existé parallèlement en Afrique.

À partir d'un ancêtre commun, ces trois branches auraient débouché sur ces trois genres cousins. Comment vérifier cette hypothèse ? À cet égard, l'étude de l'ADN de ces trois Simiens fournit des renseignements précieux. Elle montre une remarquable convergence. Il existe en effet 99,9 % de ressemblance génétique entre le Chimpanzé et l'Homme. L'examen des chromosomes a permis d'autre part de constater que certains gènes sont communs entre le Chimpanzé et l'Homme, alors que d'autres ne sont partagés que par le Chimpanzé et le Gorille.

L'hypothèse de l'ancêtre commun est bien confirmée. Précisons toutefois que ces études révèlent seulement de grandes tendances : les scientifiques s'appuient avant tout sur les données paléontologiques (examen des squelettes) pour préciser ces liens. La présence de ces caractères communs induit également à penser qu'une interfécondité a pu exister entre les Chimpanzés et les Hommes, à un certain moment, mais qu'elle n'a pas perduré : les deux lignées ont fini par se séparer totalement. Selon certains chercheurs, une telle hybridation aurait également pu se produire entre les Chimpanzés et les Gorilles.

CI-CONTRE
Pendant plus de 8 millions d'années, une grande crise géologique secoue l'Afrique, faisant surgir des montagnes et bouleversant le paysage.

crise du Tortonien (environ 10 millions d'années) voit la surrection d'une seconde ligne montagneuse, à l'ouest du fossé cette fois. Ce qui modifie considérablement la climatologie régionale.

Auparavant caractérisée par une immense couverture végétale très arborée, l'Afrique voit sa partie orientale s'assécher. Les nuages chargés de pluies atlantiques ne pouvant plus passer l'obstacle rocheux, la forêt tropicale laisse place à une savane arborée, puis à une steppe. Cette différence (de climat et de végétation) avec l'ouest du continent ne cesse de s'accentuer au cours des 6 millions d'années suivantes.

CI-CONTRE
Le Rift de l'Ouest africain offre tout au long de ses falaises une très belle succession de strates sur 3 000 mètres d'épaisseur, fournissant des informations précieuses sur nos origines.

Les techniques de fouilles

Les découvertes fortuites comme celles issues de prospections sont souvent le point de départ de campagnes de fouilles, dont les techniques sont différentes et adaptées suivant le type de site prospecté. Pour ce qui est des grottes ou des sites riches, les objets sont relevés de manière très précise. Un carroyage est installé. Il définit l'espace en carrés d'un mètre de côté. On note les coordonnées des pièces sur les trois dimensions : les deux premières (x et y) par rapport au carré de référence sur une grille définie par le carroyage, la troisième étant la hauteur relative (z), qui nous indique la profondeur et la couche sur laquelle on fouille. Ensuite les objets sont dessinés sur un plan, lavés, triés, numérotés, classés et enfin étudiés. Cette méthode très précise permet de reconstituer le site en trois dimensions et d'étudier son histoire. Cela est très important, car il faut savoir qu'une campagne de fouilles correspond à une destruction du site, et que toute information perdue l'est irrémédiablement.

Tout se passe comme si on lisait un livre dont on arracherait les pages au fur et à mesure. Mais cette méthode n'est valable que pour les sites permettant l'installation d'une infrastructure d'étude lourde, impliquant souvent une campagne s'étalant sur des mois, voire des années.

En ce qui concerne les autres sites, les relevés sont faits de manière un peu moins précise, par obligation, quand les conditions ne s'y prêtent pas. Et souvent, le temps est compté. Dans le désert, par exemple, les sites ne permettent pas de longues campagnes de fouilles. Il faut ramasser tout ce qui peut l'être avant la destruction définitive du site par les tempêtes de sable et l'avancée des dunes.

Les fouilles dites « de sauvetage », qui sont menées avant la construction d'une route ou d'un immeuble, sont également effectuées dans des délais très courts, et, là aussi, on essaie de sauver le plus de matériel et d'informations avant le recouvrement définitif.

Cette modification à long terme des conditions environnementales provoque également chez les espèces animales, et plus particulièrement chez nos ancêtres, une réponse adaptative qui, sans cela, n'aurait pas eu de raison d'être. Au moment où se déroulent ces événements tectoniques, les grands singes hominoïdes sont en effet très largement répandus sur le continent africain. Les contraintes alimentaires consécutives à la séparation de l'Afrique en deux zones entraînent des modifications dans la stature et le mode de locomotion de ces animaux.

Les singes des grandes forêts occidentales humides demeurent des singes qui évolueront vers les Gorilles, les Chimpanzés, les Bonobos. Pour survivre, les singes de la savane orientale, eux, doivent s'adapter à leurs nouveaux paysages, plus arides : ils donneront naissance aux lignées pré-humaines et humaines. C'est ce qu'Yves Coppens a présenté, lors d'un congrès à Rome en 1982, comme l'hypothèse de l'*East Side Story*. Le paléontologue français va même plus loin. Dans les années 1970, il analyse des séquences stratigraphiques de la basse vallée de l'Omo, au sud-ouest de l'Éthiopie. Il montre alors qu'un autre pic d'aridité a concouru directement à l'émergence du genre *Homo*, entre 3 et 2 millions d'années. Une circonstance qu'il a baptisée « événement de l'(H)Omo ».

L'AFRIQUE BERCEAU DE L'HUMANITÉ

L'immense majorité des fossiles de pré-humains connus à ce jour provient du continent africain, offrant la séquence la plus complète de l'évolution de notre espèce. L'Humanité serait-elle née en Afrique ?

Une grande partie des paléoanthropologues s'accordent à affirmer que, dans l'état actuel de leurs connaissances, l'Afrique est bien le berceau de l'Humanité. Depuis le début du XXe siècle, ce continent a été le cadre d'une véritable « ruée vers l'os ». Des milliers de fossiles pré-humains et humains y ont été découverts, notamment en Éthiopie, en Tanzanie, au Mozambique, au Kenya et, plus récemment, au Tchad.

Une bonne partie de ces restes sont très anciens, mais, pour l'instant, il n'existe que deux squelettes à peu près complets dans les collections. Celui de Lucy, une Australopithèque éthiopienne âgée de 3,2 millions d'années, et celui de l'ado-

Sédimentation et fossilisation

Pour qu'un organisme nous parvienne sous forme de fossile, un certain nombre de conditions doivent être réunies.
Une fois mort, l'animal, ou la plante, doit être recouvert rapidement par un phénomène géologique – une coulée de boue ou une sédimentation rapide, aussi bien sous l'eau qu'à l'air libre. De plus, il faut que cet ensevelissement se fasse en milieu anaérobie, c'est-à-dire privé d'oxygène, afin d'éviter une trop grande dégradation des tissus durs, comme les os. Les fossiles marins regroupent toutes ces conditions, alors que les fossiles terrestres sont soumis aux aléas des vents, de l'eau, de la végétation... La majorité des restes d'Hominidés ont ainsi été mis au jour au bord d'anciens lacs ou au long des cours d'eau. De même, grottes et crevasses constituent de bons sites de conservation, s'ils sont, bien entendu, à l'abri des précipitations et des eaux de ruissellement.
En revanche, l'acidité des sols, comme dans les zones tropicales humides, concourt à faire disparaître ces témoignages du passé.
Une fois l'eau disparue, alors que les tissus organiques se sont dissous, les os commencent leur minéralisation. C'est un processus long, aléatoire, qui ne concerne qu'une faible proportion des organismes enterrés. Leur découverte, des millions d'années plus tard, est en grande partie due au hasard.
Des paléontologues les repèrent d'abord fortuitement, puis fouillent le terrain à la recherche d'autres restes. L'érosion (vent, pluie, glaciers), les mouvements tectoniques ou volcaniques peuvent découvrir des terrains anciens où se cachent ces fossiles. Tout ceci explique leur nombre restreint par rapport aux milliards de milliards d'organismes ayant existé sur Terre depuis les débuts de la vie.

PAGE DE GAUCHE
Les environs du lac Turkana, autrefois appelé lac Rodolphe, sont des sites privilégiés de la recherche paléoanthropologique. Les découvertes qui y ont été faites attestent notre origine africaine.

CI-CONTRE
Un crâne laissé à l'air libre, comme celui-ci, ne laissera aucune trace aux paléontologues.

lescent du lac kenyan de Turkana, un *Homo ergaster* vieux de 1,6 million d'années. La plupart de ces ossements reposaient à l'est du grand Rift, suggérant une très probable évolution de la lignée humaine à partir de cette région. Deux découvertes datant de 2000 et 2001 – Orrorin, 6 millions d'années, et Toumaï, 7 millions d'années – renforcent le scénario africain, tout en modifiant quelque peu l'hypothèse de l'*East Side Story*.

Un paysage de la savane sèche africaine.

Il est vrai que la Rift Valley est une région très particulière du monde. À mesure de son ouverture ont été mis au jour des sédiments très anciens, âgés de plusieurs millions d'années, dont la stratigraphie en tranches a permis de lire comme dans un livre. D'où la découverte de vestiges animaux et végétaux que n'ont pas encore livrés d'autres sites sur Terre.

Ailleurs, il faudrait en effet creuser sur des milliers de mètres pour atteindre des couches géologiques aussi anciennes. De plus, des zones comme l'Europe, l'Asie ou les Amériques n'ont pas fourni de fossiles humains aussi vieux que ceux du continent africain. D'autre part, des régions entières n'ont pu être fouillées, en raison de leur forte couverture végétale. Enfin, les théories évolutives actuelles sont fondées sur des séquences assez précises jalonnées, sur ce continent, entre 7 millions d'années et moins de 500 000 ans.

ON A MARCHÉ
SUR LA TERRE

Le pré-humain se lève.
Ce nouveau mode de locomotion
s'appelle la bipédie.
De mieux en mieux maîtrisée,
elle sera bientôt utilisée
de manière permanente.

Il y a huit millions d'années, une femelle singe accouche d'un drôle de petit être. Parvenu à maturité, il prend en main la destinée de son modeste groupe d'Hominidés, qui habite dorénavant une savane arborée. Les espaces entre les arbres sont devenus importants et aller de l'un à l'autre le pousse irrésistiblement à se relever. Dans les grandes herbes, en effet, la marche quadrumane lui cacherait tous les repères pour s'orienter, tous les signes visibles pour détecter de possibles prédateurs.

Quand il se dresse sur ses pattes postérieures, il sait où il se trouve, où il va, quelle est la nature de son environnement immédiat. La verticalité, alliée à une bipédie permanente sollicitée par l'instinct de survie, va lui donner les moyens de conquérir une nouvelle vision du

monde et, par suite, d'avancer véritablement vers son destin.

Certes, d'autres singes ont adopté la même posture bipède pour les mêmes raisons, ainsi que pour des parades d'intimidation, comme chez les Gorilles mâles. Mais elle n'est conservée que durant quelques fugaces instants. Même chose pour les Chimpanzés, dont la pose, plus redressée que celle de leurs proches cousins, engendre toutefois une certaine fatigue physique. L'Homme est le seul primate à pouvoir demeurer, des heures durant, debout et immobile. Il semble même, selon certains auteurs, que ce soit sa position normale de repos puisque, grâce à un squelette redressé, elle fait peu appel aux muscles, alors que le Singe, lui, se repose en position assise.

D'autre part, pour accroître leur vitesse de déplacement, tous les Grands Singes repassent en mode quadrupède, s'appuyant alors sur la face externe de leurs phalanges. L'Homme, quant à lui, pousse alternativement sur chacun de ses pieds, comme pour une marche très rapide, ce

PAGE DE GAUCHE ET CI-DESSOUS
À l'aise dans les arbres, les premiers pré-humains devront abandonner cette sécurité végétale et s'adapter à un nouveau milieu : la savane.

À quatre pattes dans les hautes herbes, il ne sait plus où il va. Pour mieux voir, il se dresse sur ses pattes arrière. La longue marche commence, vers la nourriture, vers de nouveaux abris. Progressivement, il devient bipède.

qui le rend apte également à courir de manière continue et sur de longues distances. Malgré ces éléments d'observation, les spécialistes demeurent encore divisés sur l'évolution même des modes de locomotion.

La grande innovation de nos ancêtres est d'avoir pérennisé cette bipédie, aidés en cela par une modification du squelette déjà entamée chez les Grands Singes. Au fil du temps, le crâne s'est trouvé positionné au sommet de la colonne vertébrale, et non dans son prolongement comme chez la plupart des mammifères. La tête se repo-

CI-DESSUS ET PAGE SUIVANTE Découvert au Kenya, Orrorin est le premier hominoïdé connu à expérimenter la véritable bipédie.

sitionne ainsi par rapport au trou occipital, entraînant un développement du cerveau dans la partie arrière du crâne. Les muscles de la nuque vont se réduire également, à mesure du redressement du corps, et lâcher leur emprise sur la boîte crânienne. La colonne présente une cambrure très nette et le bassin s'est redressé. Debout, le pré-humain se sert de ses mains pour bien d'autres tâches que la préhension. Ce qui se révélera bien pratique pour la suite de ses aventures.

Le premier hominoïdé connu à tester la véritable bipédie est Orrorin, découvert au Kenya.

Ses jambes sont encore arquées, comme celles de ses cousins, et ses muscles ne sont pas encore complètement adaptés à ce type d'exercice. Sa démarche est très chaloupée, hésitante. Il ne peut marcher que pendant quelques dizaines de minutes, quelques heures tout au plus. Les muscles font mal, mais il est déjà sur la bonne voie. Deux millions d'années plus tard, dans la future Éthiopie, Lucy chaloupera toujours, quoique de manière moins marquée. Ses genoux sont légèrement fléchis et, surtout, ses fémurs se

redressent. C'est finalement avec *Homo habilis*, notre premier ancêtre direct probable, que cette bipédie ressemblera quasiment à la nôtre.

Les marques de la bipédie

Comment, à partir de simples os fossilisés, peut-on déterminer qu'un animal est bipède ? En fait, de nombreuses portions du squelette apportent aux anatomistes des indications très précieuses sur le mode de locomotion de nos ancêtres.

Les articulations du coude et du genou renseignent sur l'aptitude à exécuter certains mouvements caractéristiques des marcheurs.

La forme du fémur et son articulation avec le bassin éclairent sur la possibilité de se tenir debout de manière plus ou moins stable, durant un laps de temps plus ou moins long. La configuration et la taille de l'humérus déterminent les capacités de grimpeur. Chez l'Orang-outan, par exemple, les membres supérieurs très allongés par rapport au reste du corps montrent sa très grande adaptation à une vie arboricole.

L'examen de la position du trou occipital, ou *foramen magnum*, renseigne également sur la posture de l'animal étudié. Cet orifice, par où passe la moelle épinière rejoignant le cerveau, occupe une position différente en fonction du port et du mode de locomotion. Seuls les Hommes présentent une colonne vertébrale verticale et un *foramen* dirigé vers le bas, la base du crâne formant un angle droit avec l'axe des vertèbres.

Enfin, les os portent également la marque des points d'attache, ou insertions, des muscles. Suivant la taille et la forme de ces zones, l'anatomiste peut déduire les caractéristiques des muscles qui leur sont associés, donc leur fonction. Ainsi l'Homme présente-t-il l'un des fessiers les plus développés de tous les mammifères. Ce qui prouve qu'il y a 6 millions d'années (époque à laquelle vivait Orrorin), l'Homme se tenait déjà debout et marchait.

ORRORIN
LE RÉVOLUTIONNAIRE

Il y a six millions d'années, cet Hominidé avait déjà adopté la bipédie et certains caractères humains, tout en présentant des similitudes avec les Australopithèques.

L'an 2000 de notre ère, fin de siècle et de millénaire, a été particulièrement faste pour les paléoanthropologues. Une expédition franco-kenyane, dirigée par Brigitte Senut, du Muséum national d'histoire naturelle de Paris, et Martin

Pickford, du Collège de France, a mis au jour les restes d'un nouvel Hominidé, daté de 6 millions d'années, donc du Miocène. Sur quatre sites de la formation de Lukeino, au Kenya, les chercheurs ont identifié treize pièces osseuses et dentaires, provenant de six individus différents. Cette nouvelle espèce se nomme à présent *Orrorin tugenensis* : le premier terme signifie « homme original » en langue tugen, le second fait référence aux collines de Tugen où il a été découvert.

Cet être présente un ensemble de caractères reliés en partie aux futurs humains et en partie aux Australopithèques qui lui succéderont. Le col et la taille de l'articulation de son fémur indiquent une aptitude certaine à la bipédie. Cet os est d'ailleurs plus long d'un tiers que celui de Lucy, ce qui dénote un individu de grande taille

PAGE DE GAUCHE ET CI-DESSOUS
Du haut de son 1,50 mètre, Orrorin se sent rassuré, fort. Il voit le danger arriver.

pour l'époque. Sa taille devait avoisiner 1,50 mètre, pour un poids compris entre 30 et 40 kilos.

Le fémur lui-même révèle des déplacements bipèdes dans deux environnements différents mais contigus, boisé et ouvert. Les attaches de ses muscles fessiers, bien plus développés que chez les Grands Singes, montrent également sans ambiguïté qu'Orrorin marchait debout dès cette époque lointaine.

Si les dents jugales – prémolaires et molaires – d'Orrorin sont proches de celles des Chimpanzés, les molaires, par leur taille et l'épaisseur de leur émail, se rapprochent de celles des Hommes modernes. Ce qui confirme que ce caractère est ancestral chez les Hominidés. En revanche, la première phalange des doigts, mince, longue et incurvée, suggère une agilité certaine et un mode de suspension dans les arbres. De même, un fin sillon le long d'une canine montre un caractère

Les traces de morsures que portent les os d'Orrorin sont certainement celles d'un tigre à dents de sabre. Les premiers Hominidés sont encore des proies faciles.

commun avec les Grands Singes, qu'ils soient d'ailleurs miocènes ou actuels.

Malgré ces indices, les inventeurs d'Orrorin ignorent encore tout de son origine. Pour l'instant, il se situe quelque part entre les Grands Singes samburupithèques, datés de 9,5 millions d'années, et les Australopithèques, qui n'apparaîtront que 2 millions d'années plus tard. Il constitue peut-être l'un des vestiges de la dernière divergence entre les lignées des Singes et des Hommes. De nouvelles découvertes d'Hominidés plus anciens encore apporteront sans doute de nouveaux éléments de réponse.

La bipédie affirmée de cette nouvelle espèce a fait reculer dans le temps la mise en place de ce mode de locomotion. Jusque-là, certains chercheurs s'accordaient à penser que les Australopithèques avaient été les premiers à l'utiliser, il y a 4 millions d'années. Orrorin constitue donc une découverte extraordinaire, dans la mesure où elle oblige ces chercheurs-là à revoir leur scénario de l'évolution humaine et, singulièrement, de l'adoption de la bipédie. De même, sa mise au jour a déclenché d'autres fouilles, qui se sont soldées par l'exhumation de deux Hominidés très anciens en Éthiopie. Enfin, Orrorin donne un nouveau souffle à l'hypothèse de l'*East Side Story* d'Yves Coppens.

Les découvreurs ont noté que tous les os portaient des traces de morsure d'un carnivore. Ce qui laisse à penser que certains ont été soit tués par un prédateur carnassier, soit dévorés après leur mort. Grâce à sa grande taille et à sa bipédie, notre ancêtre commençait à imprimer sa marque sur son environnement, même s'il ne disposait pas encore des moyens de se défendre contre tous les dangers de la savane.

TOUMAÏ
PÈRE DES HOMMES ?

Toumaï (*Sahelanthropus tchadensis*) est le plus ancien pré-humain découvert à ce jour. Sa présence au Tchad prouve que l'aire de répartition géographique de ces êtres était plus large que ce que les scientifiques pensaient.

Toumaï est mort il y a sept millions d'années, dans une région de savane arborée entourant le lac Tchad. À l'époque, c'était une véritable mer intérieure, qui couvrait plus de 400 000 km^2. C'est en 2001 qu'une équipe franco-tchadienne de l'université de Poitiers, conduite par Michel Brunet, découvre des restes de cet être dont le nom signifie « espoir de vie » en langue gorane. Un crâne quelque peu déformé, des morceaux de mandibule et quelques dents secouent le petit monde de la paléontologie : que pouvait donc faire un tel Hominidé, à cette époque, à plus de 2 000 km à l'ouest de la vallée du Rift ? Que devenait l'hypothèse de l'*East Side Story* ?

Sahelanthropus tchadensis – l'Hominidé du Sahel tchadien – présente des caractères pré-humains, comme une face relativement plate et

PAGE DE GAUCHE
À l'heure actuelle, Toumaï est l'unique représentant connu ayant vécu juste après la période de séparation entre les Chimpanzés et les Hominidés.

Baptiser les fossiles

Depuis Linné, au XVIIIe siècle, toute espèce animale ou végétale est parée d'un double nom, en latin, qui fait référence à la fois au genre et à l'espèce dont elle fait partie. Le nom de genre rappelle la filiation, comme *Homo* pour l'Homme, *Australopithecus* pour le singe qui vient d'Afrique australe ou *Sahelanthropus* pour l'« Hominidé du Sahel ». Le nom de l'espèce fait souvent référence au lieu de découverte en ce qui concerne les pré-humains : *Australopithecus africanus* vient d'Afrique, son ancêtre *afarensis* a été mis au jour dans la région de l'Afar, et le contemporain de Lucy, *Australopithecus bahrelgazali*, vivait près de la rivière aux Gazelles, au Tchad... Les humains, quant à eux, se voient nommés en fonction d'une caractéristique particulière de l'espèce. Comme *Homo habilis* était « habile », car il a fabriqué des outils, *Homo erectus* était « érigé », sa bipédie étant identique en tout point à la nôtre. Et comme son nom l'indique, *Homo sapiens* est savant. Mais les paléoanthropologues dotent volontiers leurs trouvailles de surnoms, plus simples à utiliser dans des discussions et pour les médias. Ainsi le surnom de Lucy a-t-il été inspiré par la chanson des Beatles, *Lucy in the Sky with Diamonds*. Parfois, comme pour l'Australopithèque du Tchad, c'est en souvenir d'une personne proche que le surnom est donné : Abel en l'occurrence (voir page 68). Le lieu de la découverte peut aussi servir à baptiser le fossile. Ce fut le cas pour l'homme de Cro-Magnon et l'homme de Tautavel. Enfin, les équipes de recherche sur le terrain intègrent des membres locaux, qui baptisent le fossile selon leur langue d'origine (Toumaï en gorane, Orrorin en tugen).

un trou occipital prouvant, quant à lui, la bipédie. Ses canines sont petites, un caractère assurément « moderne ». À propos des dents, Michel Brunet insiste sur l'absence d'espace entre elles et la présence d'un émail plus épais que celui des Grands Singes. Les restes présentent également des attributs ancestraux, comme la petite capacité crânienne (environ 350 cm^3, contre 1350 cm^3 en moyenne pour l'Homme moderne), proche de celle des Chimpanzés actuels.

La polémique étant l'un des outils – non officiels – de la science, la mise au jour de Toumaï n'a pas fait exception à la règle. Pour Michel Brunet, le doute n'est pas permis : « Les caractères du crâne indiquent, sans aucune ambiguïté, son appartenance au rameau humain. » En revanche, pour Brigitte Senut, découvreuse d'Orrorin, ce crâne fait plutôt penser à un ancêtre des Gorilles : « La découverte d'un pré-gorille serait encore plus importante, puisque aucun fossile d'ancêtre direct des Grands Singes d'Afrique n'est connu à ce jour. »

De ce point très précis dépend en effet une nouvelle perception de l'évolution qui a conduit au genre *Homo*. Toumaï est l'unique représentant connu, pour l'instant, ayant vécu juste après la période de séparation entre les Chimpanzés et les Hominidés. Ce qui montre une dichotomie bien plus ancienne – plus de 7 millions d'années – que celle entrevue par nombre d'auteurs, mais pas tous. D'autre part, sa mise au jour prouve que l'aire de répartition des Hominidés de cette époque était bien plus vaste que ne le laissait entrevoir la théorie d'Yves Coppens. Enfin, l'une des théories tendant à expliquer sa présence en ces lieux et à cette époque consiste à penser qu'il serait un représentant d'une ou de plusieurs lignées pré-humaines, ayant essaimé depuis l'Est africain.

À cet égard, l'équipe de Poitiers estime que Toumaï ferait partie d'un groupe proche de celui qui a enfanté Orrorin, un million d'années plus tard.

Des questions aiguës sont encore non résolues : le voyage entre le Rift et le Tchad a-t-il réellement eu lieu, dans ce sens ou dans l'autre, d'ailleurs ? Toumaï n'est-il pas né tout simplement sur cette terre tchadienne ? Comment le classer avec précision dans l'arbre phylogénétique des pré-humains, *a fortiori* dans celui des ancêtres de l'Homme ?

DOUBLE PAGE PRÉCÉDENTE
À 2 000 km du « berceau de l'Humanité », Toumaï vivait paisiblement, comme ici avec le Chalicothère, voisin peu gênant, ancêtre des girafes, aujourd'hui disparu.

LES CHANGEMENTS CLIMATIQUES

Les variations affectant l'orbite de la Terre autour du Soleil, la dérive des continents et d'autres facteurs ont influé directement sur la faune et la flore. Ainsi que sur l'évolution humaine.

Depuis la formation de la Terre, un climat chaud et tropical a été la règle. Ce qui a permis le développement de la vie. Pourtant, ces trois derniers millions d'années ont été marqués par une succession de périodes glaciaires et interglaciaires, qui ont profondément modifié le visage

CI-CONTRE
Conséquence inattendue des glaciations : la désertification des régions tropicales due à une modification du régime des pluies.

de notre planète. Ainsi que le cours de l'histoire pour les Hominidés.

Dès 1924, le mathématicien yougoslave Milutin Milankovitch fonde une théorie astronomique du climat. Le mouvement de la Terre autour du Soleil varie en effet au cours du temps selon plusieurs mouvements : une orbite elliptique, qui l'approche ou l'éloigne plus ou moins de notre étoile selon une variation de 100 000 ans ; l'inclinaison de son axe, affectée d'une oscillation de 41 000 ans ; la « précession » (variation) des équinoxes qui, sur un cycle de 26 000 ans, modifie l'angle reliant l'axe des pôles et le plan de son orbite. Ces caractéristiques concourent en partie aux variations climatiques, faisant fluctuer ainsi la quantité d'énergie solaire reçue. Ce n'est pas tout. La dérive des continents – ou tectonique des plaques –, décrite en 1912 par le météorologue allemand Alfred Wegener, induit également de telles modifications. Le supercontinent d'il y a 200 millions d'années, la Pangée, s'est morcelé en une dizaine de plaques, dont les mouvements relatifs ont donné son visage actuel à notre planète. D'autre part, les pôles de la Terre ne se couvrent de glace que s'ils sont occupés par des terres émergées. Ce qui a été le cas, par exemple, il y a 450 millions d'années, à l'époque

PAGE DE GAUCHE
Les pré-humains ont affronté une succession de périodes glaciaires qui ont considérablement modifié leur environnement.

de l'Ordovicien, lorsque le Sahara occupait le pôle Sud, ou, il y a 20 millions d'années, au moment où l'actuel continent antarctique s'est positionné en créant autour de lui un vaste courant circumpolaire l'isolant des autres masses continentales.

La succession rapide de périodes de gel et de dégel combine l'ensemble de ces effets, qui n'expliquent d'ailleurs pas tout. En effet, ces facteurs ne justifient pas les hautes températures enregistrées tout au long de l'ère secondaire (entre 225 et 65 millions d'années). Cette augmentation des températures, de 10 °C à 15 °C sous les hautes latitudes, aurait été induite par la présence d'une proportion importante de gaz carbonique dans l'atmosphère.

L'influence de ces cycles est considérable sur la physionomie terrestre. Il y a 100 millions d'années, au Crétacé, le niveau des océans était de 300 à 400 m plus élevé qu'aujourd'hui. À l'inverse, le coup de froid de « *l'événement de l'(H)Omo* » a fait baisser cette cote d'au moins 120 m. Les puissants courants océaniques, qui redistribuent la chaleur équatoriale vers les régions polaires, sont directement affectés et voient leur cours modifié, sinon entravé. Dans le même temps, les eaux qui se retirent mettent à nu des langues de terre permettant aux animaux de se déplacer sur de grandes distances, ne serait-ce que pour atteindre des climats moins sévères.

L'une des principales conséquences de ces glaciations est d'assécher les régions tropicales par manque de pluie. Durant la dernière grande période froide, entre 117 000 et 15 000 ans avant notre ère, les déserts comme le Sahara ou le Gobi ont progressé de plusieurs centaines de kilomètres. Cet assèchement a pour corollaire une modification drastique de la faune et de la flore. Les espèces incapables de s'adapter sont condam-

Les méthodes de datation

Dater des fossiles ou des objets récoltés sur le terrain n'est pas une mince affaire. C'est pourtant une étape fondamentale pour situer ces restes dans le temps et les uns par rapport aux autres. Deux grands types de méthodes, relatives et absolues, sont utilisés par les scientifiques. Les méthodes relatives ne fournissent pas une date pour l'objet considéré, mais permettent de « caler » les sites et ce qu'ils contiennent les uns par rapport aux autres. La biostratigraphie, par exemple, est l'étude de l'évolution des formes vivantes au cours du temps, dans la succession des couches géologiques. Une autre technique utilise le paléomagnétisme. Pour des raisons encore mal connues, la Terre connaît des inversions de polarité. Autrement dit, le pôle Nord magnétique de la Terre devient le pôle Sud et inversement. Les sédiments conservent des traces de ces modifications par la présence de particules magnétiques en leur sein. D'où une sorte de code-barres autorisant à relier une couche à une époque. Parallèlement, les méthodes de datation absolues permettent de situer les vestiges du passé avec une précision qui est fonction de la technique utilisée. La radiochronologie est fondée sur la désintégration d'atomes radioactifs au fil du temps. Le carbone 14 s'applique directement aux restes d'organismes vivants (ossements, dents, coquilles, bois, charbons...) et peut être utilisé pour les fossiles vieux de moins de 40 000 ans. Le potassium/argon ne peut être utilisé que sur les roches volcaniques et autorise une datation entre 300 000 ans et l'âge de la Terre. En Afrique de l'Est, cette échelle est devenue une référence, car les dépôts émanant d'un seul volcan ont été retrouvés sur tous les sites, permettant ainsi leur datation relative, les uns par rapport aux autres. L'uranium/thorium, souvent mis en œuvre dans les grottes, donne des dates entre 10 000 et 300 000 ans. L'une des techniques les plus récentes, la thermoluminescence, est appliquée en archéologie préhistorique sur des silex et des pierres ayant subi l'action du feu. L'analyse de la quantité de lumière dégagée par ces objets détermine une datation comprise entre 20 000 ans et un million d'années. Bien entendu, c'est la combinaison de plusieurs de ces méthodes qui permet la datation la plus précise du site étudié.

nées à disparaître. Les fossiles datant de ces périodes prouvent que des lignées entières se sont éteintes, faute d'avoir pu faire face aux changements engendrés par les variations climatiques. À l'inverse, l'adaptabilité des pré-humains autorise une évolution qui engendrera l'espèce humaine.

LES AUSTRALO-PITHÈQUES

LES PIONNIERS AFRICAINS

Toumaï, puis Orrorin disparaissent peut-être. Deux millions d'années s'écoulent. La sécheresse s'étend sur le continent africain, ouvrant les larges espaces de la savane. Les premiers successeurs connus des Hominidés ont dû s'adapter à cette pression climatique constante, alors que de nombreuses espèces animales et végétales ont disparu. Parmi les survivants à la crise climatique, plusieurs groupes d'Hominidés se répandent du Tchad à l'Afrique du Sud : les Australopithèques.

LUCY
L'ÉTHIOPIENNE

La moyenne vallée du fleuve Awash a conservé les restes d'une femelle *Australopithecus afarensis*. Nommée Lucy par ses découvreurs franco-américains, elle avait dû s'y noyer.

C'est en 1924 qu'un anatomiste sud-africain, Raymond Dart, découvre, à Taung, en Afrique du Sud, le crâne d'un enfant, qu'il nomme *Australopithecus africanus* – « le singe d'Afrique australe ». Il en souligne les traits à la fois humains et simiens. C'est le début d'une longue série de mises au jour, qui culmine, en 1974, avec l'exhumation de 52 os dans le triangle des Afars, en Éthiopie. Ces ossements forment 40 % du squelette d'une autre espèce d'Australopithèques, *afarensis* cette fois-ci, dont la représentante est baptisée Lucy par ses découvreurs franco-américains – la chanson *Lucy in the Sky with Diamonds* des Beatles s'élevait souvent du campement. Les Éthiopiens lui préfèrent Birkinesh, ce qui signifie « personne de valeur ».

PAGE DE DROITE
Lucy doit son nom à la chanson des Beatles *Lucy in the Sky with Diamonds* que ses découvreurs franco-américains écoutaient sur le campement.

Ils ne pouvaient mieux dire, car les restes de Lucy sont d'un prodigieux intérêt. Une moisson

extraordinaire d'abord : un fémur et un tibia, les membres supérieurs, les articulations du genou, du coude et de l'épaule, les côtes, la colonne vertébrale, le bassin et le sacrum, la mâchoire inférieure et une partie de la boîte crânienne. Une mine d'enseignements, ensuite. Les diverses parties de son squelette renseignent sur son mode de vie. De plus, l'analyse du terrain dans lequel Lucy a été retrouvée conduit à une datation comprise entre 3,2 et 3,1 millions d'années.

Lucy ne mesure guère plus d'un mètre et pèse une vingtaine de kilos. Elle a environ 20 ans – ce qui est âgé pour une telle créature – et a dû déjà concevoir des enfants. Sa petite capacité crânienne – environ 400 cm^3 – n'empêche pas son cerveau de faire preuve de bien meilleures performances que celui d'Orrorin. La partie supérieure de son corps se rapproche de celle des singes – des bras plus longs que les jambes, une quasi-absence de taille, des phalanges incurvées et un fonctionnement des articulations qui trahit une locomotion semi-arboricole. En revanche, son appareil locomoteur introduit des évolutions plus humaines – un bassin large et évasé, une lordose lombaire (double courbure de la colonne vertébrale), un sacrum court et élargi, un fémur présentant un col –, qui illustrent bien sa bipédie.

CI-DESSOUS
La communication n'a pas dû être toujours facile avec les autres espèces d'Australopithèque. Autre vie, autres mœurs.

CI-CONTRE
Face à la rivière, Lucy l'*afarensis*, moins courageuse que ses cousins *anamensis*, hésite. « Dois-je traverser pour les rejoindre ? Ou rester seule de ce côté ? »

La fausse grand-mère de l'Humanité

Contrairement à ce qu'ont cru pendant longtemps médias et grand public, et malgré sa célébrité planétaire, Lucy n'est pas la grand-mère de l'Humanité. Elle représenterait en fait une branche dérivée de notre lignage, dont les membres ont disparu sans laisser de descendance.
Comparativement à d'autres espèces d'Australopithèques, contemporains ou plus récents, Lucy présente en effet de nombreux traits anatomiques archaïques, comme son genou, plus proche de celui des Grands Singes.
Les études menées semblent montrer que plusieurs espèces d'Hominidés ont évolué simultanément, chacune dans une région bien précise de l'Afrique. Un peu comme si la nature avait procédé à plusieurs « essais », avant de se décider pour ceux qui deviendraient en ligne directe les véritables ancêtres du genre *Homo*.

Les Australopithèques ne savent probablement pas nager. Mais la curiosité les pousse à traverser ces eaux qui courent. Une témérité qui fut certainement fatale à Lucy.

Dans la savane ouverte, Lucy, légèrement voûtée, progresse d'une démarche plutôt chaloupée. Les membres inférieurs arqués s'appuient sur le bord extérieur des pieds. Les étapes franchies en marchant sont déjà plus longues que celles de ses ancêtres, bien qu'elle ne répugne pas à se réfugier ou à chercher une partie de sa nourriture dans les arbres. Ses mains sont capables de saisir des pierres et des branches, sans pour autant avoir la force nécessaire à une prise puissante comme chez les Hommes. Sa dentition, à l'émail épais, et les attaches de puissants muscles masticateurs révèlent un régime alimentaire basé sur des végétaux (bulbes, feuilles, fruits, racines...) souvent coriaces. Son environnement étant très varié, elle consomme aussi fourmis et termites, ainsi que de la viande (oiseaux, petits mammifères morts, etc.), mais très peu et de façon opportuniste. Ce mode alimentaire est à l'origine du succès des Australopithèques. Ce qui montre également leur bonne connaissance de leur milieu de vie, grâce à des capacités cognitives en développement.

Lucy s'est sans doute noyée, car ses restes ont été découverts dans les vestiges d'un milieu aquatique. Plus de 3 millions d'années après sa disparition, l'Humanité s'est découvert une immense tendresse pour ces 52 os mis au jour par Yves Coppens, Donald Johanson et Maurice Taïeb.

PAGE DE GAUCHE
Lucy décide finalement de traverser, mais le fort courant aura raison de ses forces.

ANAMENSIS

CHANGEMENT DE RÉGIME

Contemporain d'*afarensis*, un autre Australopithèque, *Australopithecus anamensis*, semble mériter la palme de l'ancêtre du genre *Homo*. Car il présente de plus nombreux caractères humains, notamment au niveau de la bipédie, que la petite Éthiopienne.

Les *afarensis* ne sont pas les seuls représentants de la lignée des Australopithèques. En effet, cette époque a livré au moins cinq espèces apparentées, représentées par plus de 300 individus. Disséminées dans trois régions du continent africain, elles ont vécu entre 4,5 et 2,5 millions d'années. Les squelettes, morceaux d'os et dents découverts depuis les années 1920 au Kenya, en Tanzanie, en Éthiopie, en Afrique du Sud et au Tchad révèlent une mosaïque de caractères à la fois archaïques et pré-humains. Ce qui ne facilite pas la recherche, parmi eux, du véritable ancêtre de l'Homme.

PAGE DE GAUCHE
Sûr de lui, *anamensis* adopte une stratégie différente d'acquisition de la nourriture. Son impact sur son milieu est plus important que celui de ses prédécesseurs.

CI-DESSUS
Plus opportuniste que tous les autres Australopithèques, *anamensis* mange plus de viande. Il devient un sérieux concurrent des hyènes, lycaons et autres charognards.

Premier d'entre eux, *Australopithecus anamensis* est contemporain de Lucy. Son plus ancien spécimen connu à ce jour est daté de 4,5 millions d'années. *Anam* est un mot turkana qui signifie « lac », car le premier a été découvert au bord du lac Turkana, au Kenya. Bien qu'il apparaisse en même temps qu'*afarensis*, il présente malgré tout certaines caractéristiques anatomiques plus proches du genre *Homo*. En effet, son tibia, soumis au poids du corps, ainsi que le genou en extension montrent une bipédie plus exprimée que celle de Lucy. L'articulation du coude suggère parallèlement qu'il se déplace de moins en moins dans les arbres. C'est un être plus grand (environ 1,40 m), plus lourd (une cinquantaine de kilos), qui parcourt ainsi les savanes arborées et humides.

Anamensis, comme Lucy, se nourrit de tout, végétal et animal. Son mode d'alimentation devient véritablement opportuniste, c'est-à-dire qu'il consomme tout ce que son environnement peut lui proposer. Certes, la proie la plus fraîche est la meilleure, dans la mesure où les enzymes de son système digestif ne peuvent assimiler la viande

PAGE DE DROITE
Plus grand, plus lourd que ceux qui l'ont précédé, *anamensis* a sans doute croisé Lucy l'*afarensis*.

Faire parler les dents

Les dents constituent des indicateurs extrêmement précis des habitudes alimentaires de ces êtres fossiles. Leur régime alimentaire laisse en effet sur elles des stries et des surfaces d'usure qui renseignent les scientifiques sur le type de nourriture choisi. Deux méthodes sont utilisées parallèlement pour les analyser : l'une morphologique, l'autre biochimique. L'observation morphologique externe concerne tout à la fois la forme des dents, la distribution de l'épaisseur de l'émail le long de la couronne et les stries d'usure de leur surface. L'observation morphologique interne se pratique au scanner et aux rayons X. La dentition de Lucy, par exemple, est caractéristique d'une alimentation en grande majorité végétarienne, avec un émail épais et des stries laissées par la mastication de végétaux coriaces. En revanche, les dents d'*anamensis* présentent des surfaces de mastication différentes : la mandibule révèle des déplacements plus verticaux que ceux des autres Australopithèques. L'analyse biochimique, quant à elle, a donné de nouveaux outils aux paléoanthropologues. Elle permet en effet d'isoler les « marqueurs » que les aliments ont laissés à la fois dans les os et les dents. Par exemple, le rapport strontium/calcium décroît à mesure que la part de la viande devient de plus en plus importante. De même, le rapport entre deux isotopes du carbone (C12/C13) permet de connaître le type de plantes consommées par le fossile. Enfin, d'autres informations peuvent être collectées en étudiant les restes animaux jonchant souvent les sols d'habitat : des os brisés pour en extraire la moelle ou portant des marques de découpe témoignent indubitablement d'une alimentation animale des êtres préhistoriques. Malheureusement, les débris végétaux (graines, feuilles, racines…) résistent moins bien à l'épreuve du temps que les débris animaux et ne nous parviennent donc pas.

trop faisandée. Cela ne l'empêche pas, le cas échéant, de disputer leurs proies aux charognards (hyènes, lycaons...) ou aux grands fauves, tels le tigre à dents de sabre ou le léopard. Car sa corpulence dissuasive le fait redouter des autres prédateurs de son territoire.

Anamensis commence à tracer le chemin des futurs *Homo*, s'imposant petit à petit comme compétiteur. Son mode d'alimentation, peut-être, et sa bipédie plus affirmée sont deux armes qu'*anamensis* utilise pour explorer son environnement. Ses étapes sont plus longues, son aire d'influence s'étend dans l'est de l'Afrique. Certains scientifiques estiment même qu'il pourrait être à l'origine de la lignée humaine. Mais, pour l'instant, de nombreuses zones d'ombre persistent, car les restes rassemblés ne permettent pas de conclusion définitive. Néanmoins, *anamensis* demeure un candidat tout à fait respectable.

Des dents plus humaines, un régime alimentaire plus varié, un tempérament plus curieux, *Australopithecus anamensis* est peut-être à l'origine des Hommes modernes.

LE BUISSON AFRICAIN

Afrique centrale, de l'Est et du Sud : les Australopithèques ont essaimé dans toute la partie sèche du continent, évoluant différemment, ce qui complique la tâche des paléoanthropologues mais les passionne.

C'est une véritable famille que les paléoanthropologues ont découverte, entre 1924 et 2000. Ce qu'ils appellent un « buisson », c'est-à-dire une inflorescence de plusieurs branches plus ou moins parallèles, étagées entre 4,5 et 2,5 millions d'années. Ils ignorent encore quel peut être l'ancêtre commun de ces êtres primitifs, et lequel d'entre eux peut prétendre être à la racine de l'espèce humaine. Tous regroupent à la fois des caractéristiques archaïques et plus humaines, ce qui montre que l'évolution de ces espèces n'a pas eté linéaire. Certains chercheurs pensent même qu'il a pu y avoir régression de certains caractères, comme la bipédie par exemple, au cours de cette période charnière dans notre histoire.

Buisson est bien le mot. Outre *afarensis* et *anamensis*, *Australopithecus* a engendré les espèces

CI-DESSUS ET CI-CONTRE La précarité de leur existence n'incite sans doute pas les Australopithèques mâles à s'affronter avec trop de violence. L'intimidation par le regard suffit le plus souvent à décourager le moins vaillant.

africanus, *barelghazali* et *garhi*. Du moins dans l'état actuel de nos connaissances. Le premier est l'enfant de Taung, découvert par Raymond Dart. De nombreux individus contemporains ou plus anciens sont ensuite mis au jour sur les sites de Sterkfontein, Kromdraai, Makapansgat et Swartkrans, en Afrique du Sud. Actuellement, un squelette très complet est en cours de dégagement dans une grotte sud-africaine, Sterkfontein, où il est engoncé dans une carapace naturelle de brèche. Mais les restes déjà dégagés montrent de nombreux caractères intéressants, comme la bipédie. Ailleurs, dans la grotte de Swartkrans, on a trouvé un autre Australopithèque présentant des marques de mâchoires sur le crâne, qui font penser que c'est un léopard qui l'y a emporté, qu'il se soit simplement saisi de son cadavre ou qu'il l'ait tué.

Déductions comportementales

Ossements et dentition ne livrent pas seulement des repères anatomiques. Ils permettent également de se faire une bonne idée de la vie sociale de ces êtres. L'une des principales observations concerne un fort dimorphisme sexuel entre mâles et femelles. Il est toutefois arrivé qu'on conclue à un dimorphisme alors qu'on était tout simplement en présence de deux espèces différentes. Des canines plus grosses, une stature plus imposante montrent que les mâles constituent une référence sociale. Pas seulement pour chasser ou pour séduire leurs compagnes, mais surtout pour affronter les mâles extérieurs au groupe. Ce qui révèle un système d'organisation basé sur le duo dominant-dominé, ainsi qu'on l'observe aujourd'hui dans les sociétés de Chimpanzés ou de Bonobos. Les groupes au sein desquels les mâles sont apparentés développent moins de compétition.

De leur côté, Louis et Mary Leakey, des Britanniques installés au Kenya, Camille Arambourg et Yves Coppens, en Éthiopie, participent à cette formidable « chasse à l'os ». Les années 1950 et 1960 leur permettent de dégager, cette fois le long du Rift de l'Est africain, d'autres restes d'Australopithèques, nommés pour certains spécimens *Zinjanthropus boisei* et *Zinjanthropus aethiopicus* avant d'être regroupés dans la famille des Australopithèques. Mais surtout, Mary Leakey découvre à Laetoli, dans le nord de la Tanzanie, trois impressionnantes pistes de pas, s'étendant sur quelques dizaines de mètres et datées de 3,6 millions d'années. Ces traces de pieds, qui témoignent de la bipédie de deux adultes et d'un petit, forment l'un des vestiges de cette période les plus émouvants.

En 1995, en ramassant la partie antérieure d'une mandibule dans le désert tchadien, à plus de 2 500 km à l'ouest du grand fossé du Rift, Michel Brunet, l'inventeur de Toumaï, montre l'ampleur de l'aire de dispersion des Australopithèques. Celui à qui appartenait cette mandibule est nommé *Australopithecus barelghazali* – « l'Australopithèque de la rivière aux gazelles » –, mais le grand public le connaîtra sous le sobriquet d'Abel, en hommage à l'un des collègues décédé de Brunet. Malgré sa petite taille, cette relique prouve par ses dents qu'elle appartient au groupe des Australopithèques. Elle a vécu il y a plus de 3 millions d'années.

Enfin, en avril 1999, la vallée moyenne de l'Awash, qui a déjà livré Lucy, donne à l'équipe de Berhane Asfaw un nouvel Australopithèque, *garhi* celui-ci, daté de 2,7 millions d'années. Son intérêt principal est qu'il se situe au centre même de la période où commencent à disparaître les Australopithèques et où émergent les premiers Humains véritables.

En tout cas, cette floraison de diverses espèces, appelées tantôt robustes *(aethiopicus, boisei, robustus)*, tantôt graciles *(afarensis...)*, montre toute la difficulté à comprendre les filiations directes ou indirectes, ainsi que la position dans le temps des diverses évolutions physiques.

L'HÉRITAGE DES AUSTRALOPITHÈQUES

L' exploration de la bipédie et l'utilisation des premiers outils en pierre constituent les principales innovations développées par ces êtres, dont la plupart ont disparu sans laisser de descendance.

Tous les Australopithèques ne sont pas nos ancêtres. En outre, certains chercheurs se demandent si les Australopithèques ont tous disparu véritablement ou si l'un d'eux a pu donner les prémices de notre lignée, en s'adaptant à une nouvelle modification de son environnement. Une fois de plus, les changements climatiques ont imprimé leur marque sur l'avenir même de ces êtres. Quoi qu'il en soit, la plupart des variétés de cette espèce ont disparu sans laisser de descendance. Mais les relations phylogénétiques entre ces espèces et la nôtre ne sont pas encore très claires et les avis restent partagés.

Où se cache notre ancêtre ?

Les schémas classiques de l'évolution nous avaient habitués à considérer les Australopithèques (du moins certains d'entre eux) comme les ancêtres du genre *Homo*. Mais la découverte d'Orrorin suggère qu'il existe une alternative à cette hypothèse. Ce nouveau scénario, adopté par certains chercheurs, serait le suivant. D'une part, Orrorin serait à l'origine de notre genre en passant par une étape apparue en Tanzanie. De l'autre, les diverses espèces d'australopithécidés formeraient un rameau parallèle, qui disparaîtrait au moment où apparaît le premier véritable spécimen de notre espèce, *Homo habilis*. Là encore, de nombreuses questions demeurent sans réponse. À moins que d'autres mises au jour permettent de confirmer cette théorie ou, qui sait, d'en générer une ou plusieurs autres.

CI-CONTRE
Les protéines supplémentaires apportées par la viande permettent au cerveau de se développer et d'acquérir de nouvelles capacités.

En effet, tous les spécialistes des Hommes anciens ne s'accordent pas à définir un lien direct entre *Australopithecus* et *Homo*. Martin Pickford, du Collège de France, pense pour sa part qu'ont existé, d'une part Orrorin, à l'origine du développement vers l'Humain, d'autre part les Australopithèques, qui, eux, n'ont pas laissé de descendance.

Le problème est qu'il existe actuellement une large zone d'ombre entre Orrorin et les premiers représentants du genre *Homo*. Un vide de connaissance, qui attend d'être comblé par la découverte d'autres restes de cette période clef.

CI-DESSUS
C'est certainement par hasard que les Australopithèques ont découvert, il y a 3,5 millions d'années, que les pierres pouvaient être taillées. Mais il faudra encore attendre un peu pour que ce geste se répande chez les Hominidés.

Et pourtant, l'héritage des Australopithèques est considérable. Il concerne notamment tous les progrès de la bipédie, progrès réalisés de manière plus ou moins continue, il est vrai. Des auteurs n'hésitent pas à parler de pause – ou stase – évolutive lorsqu'ils comparent les stratégies de marche des Australopithèques, certains, plus anciens, montrant des caractères plus « modernes » que d'autres pourtant plus récents.

De même, ce sont des Australopithèques qui, les premiers selon nos connaissances actuelles, ont véritablement lancé un défi à la nature en concevant les premiers outils en pierre. Rien de très élaboré, certes, si on le compare à ce qui va venir avec les premiers *Homo*. Mais le geste de percuter une pierre avec une autre pour lui donner une certaine forme utile date de 3,5 millions d'années : des vestiges de petits outils taillés, en quartz, ont été découverts il y a quelques années en Éthiopie, dans la vallée de l'Omo. Même si l'on ignore encore lequel de ces types d'Hominidés a franchi cette barrière cognitive. En revanche, *Australopithecus garhi* a pu être associé à des outils de silex dont le tranchant servait certainement à dépecer des carcasses d'animaux.

L'étude des restes osseux permettant l'estimation de l'âge au décès montre également que ces êtres disposaient d'une espérance de vie de 20 à 30 années, comparable à celle des Grands Singes, comme les Chimpanzés. Si Lucy est morte à 20 ans, d'autres Australopithèques ont pu vivre plus longtemps. Soumis à la pression environnementale ainsi qu'aux relations internes et externes (compétition alimentaire ou sexuelle, par exemple), ils sont organisés en groupes solidaires. En Éthiopie, Maurice Taïeb, Donald Johansen et Yves Coppens ont exhumé en un même lieu, près de Hadar, des fossiles provenant d'une dizaine d'individus contemporains d'âges différents. Ce site a été baptisé celui de « la première famille ». De plus, leur réponse sociale à l'environnement suppose des apprentissages et des comportements culturels complexes, tous signes d'une organisation intellectuellement plus riche.

Enfin, la mobilité montre la curiosité et le caractère de prédateur qu'*Australopithecus* a développés au long de cette période de plus de 2 millions d'années. Son immense aire de répartition, du Tchad à l'Afrique du Sud, suggère un être déjà doté de certaines possibilités de réflexion induites par une connaissance approfondie de son environnement. Et, par conséquent, un opportunisme qui va en s'élargissant de manière à avoir accès à toutes les ressources prodiguées par les territoires qu'il habite.

HOMO HABILIS

LE TAILLEUR DE PIERRES

Le premier véritable représentant de l'espèce humaine est doté d'une intelligence et d'une conscience qui guident désormais ses pas, le mènent vers la fabrication d'outils élaborés, le poussent à transmettre ses connaissances… Bref, le propulsent à la conquête du monde.

UN CERVEAU
UNE CONSCIENCE

Homo habilis partage encore quelques caractères archaïques avec ses prédécesseurs. Mais sa vraie différence avec eux se cache sous son crâne.

PAGE DE DROITE ET PAGE SUIVANTE L'efficacité accrue de son cerveau complexifié amène *Homo habilis* à se sentir plus en harmonie avec son environnement. Il utilise ses capacités nouvelles pour se nourrir différemment et fabriquer des outils.

Dans les savanes arborées d'Afrique de l'Est et du Sud, un nouvel Hominidé est apparu il y a 2,5 millions d'années. Ses premiers restes ont été mis au jour par Louis et Mary Leakey à Olduvai (ou Oldoway), en Tanzanie, en 1960. Puis Louis Leakey, Philip Tobias et John Napier nomment ce nouvel Hominidé *Homo habilis* – « l'homme habile ».

Car les ossements (crânes plus ou moins complets, maxillaires, dents, os des pieds et des mains...) sont parfois répartis sur le lieu d'un campement où se trouvent également des outils en pierre. Ce contemporain des derniers Australopithèques taille mieux la pierre qu'eux, montrant à la fois une bonne connaissance de son environnement géologique et une technique qui ne laisse rien au hasard. *Habilis* « sait » ce qu'il fait.

Cerveaux fossilisés ?

Lorsque les paléoanthropologues présentent leurs conclusions sur le cerveau des Hommes anciens, ils ne disposent pas, bien sûr, du cerveau lui-même. Cet organe essentiel fait partie des parties molles d'un être, parties qui sont les premières à disparaître après la mort. Ces informations concernant le cerveau leur proviennent exclusivement d'un moulage de l'intérieur de la boîte crânienne, appelé l'endocrâne. En effet, les os formant le crâne céphalique – donc ceux qui entourent le cerveau même – conservent, sur leur surface interne, l'empreinte de certaines des veines et artères irriguant l'encéphale, ainsi que les marques de certaines zones, comme les aires associées au langage ou à sa compréhension. Ces stigmates permettent alors aux chercheurs de déterminer le degré de complexification du cerveau et, donc, d'en estimer les facultés cognitives qui y sont associées.

La grande différence avec ses prédécesseurs se situe dans sa boîte crânienne. Son cerveau est plus gros (600 à 750 cm^3) et, surtout, il s'est complexifié. L'examen des endocrânes permet de constater le développement des lobes temporaux et frontaux, qui sont le siège d'une certaine représentation du monde et de ses relations sociales. Ces lobes sont irrigués par un vaisseau méningé

moyen, au réseau antérieur désormais plus dense que chez les anciens Hominidés, assurant ainsi un meilleur drainage et une thermorégulation plus efficace de l'encéphale.

D'autre part, la partie droite du cerveau comporte deux aires, celle de Broca et celle de Wernicke, sièges respectifs de la production de paroles articulées et de la compréhension de ces sons. Ce qui pourrait vouloir dire que, au-delà des signes et autres gestes, *Homo habilis* était peut-être déjà capable d'échanger des sons organisés avec ses congénères, c'est-à-dire qu'il aurait été doté d'une amorce de langage. Le conditionnel est encore de rigueur, dans la mesure où les Chimpanzés disposent de telles zones. Mais ces Grands Singes ne possèdent pas de larynx bas aménageant une certaine caisse de résonance entre lui et la bouche. Et, comme le larynx est une partie du corps qui ne se fossilise pas... Pour l'instant, force est de conclure que le cerveau de ces premiers Hommes était « équipé » des structures nécessaires au langage parlé, sans pouvoir affirmer qu'ils utilisaient effectivement ce langage.

Enfin, d'un strict point de vue physique, *habilis* est dans la moyenne de taille des Hominidés de cette époque (entre 1,10 m et 1,40 m) et pèse entre 30 kg et 40 kg. Sa face est plus plate, alors que ses membres montrent qu'il est adapté à la fois à la bipédie et au grimper dans les arbres. À cette même époque, au Kenya et au Malawi, vit un autre premier *Homo*, plus humain dans sa posture et sa bipédie, avec un cerveau plus volumineux (700 cm^3). Il s'appelle *rudolfensis*, ou « homme du lac Rodolphe », car un crâne incomplet a été découvert sur les berges du lac, rebaptisé depuis Turkana. Mais le débat n'est pas clos entre scientifiques, qui tentent de bien définir ces deux espèces ayant coexisté entre 2,5 et 1,7 millions d'années. Quoi qu'il en soit, *Homo habilis* semble marquer le point de départ de la conscience au sens où nous l'entendons, c'est-à-dire conscience de soi-même et des autres, avec toutes les implications sociales qui en découlent. Il en va de même en ce qui concerne son action sur son environnement : les outils qu'il fabrique sont là pour l'y aider.

LE TAILLEUR D'OUTILS

La grande innovation n'est pas d'utiliser un outil. Les Chimpanzés le font. Le véritable prodige réside dans l'acte même de créer un outil.

Les pré-humains et les Chimpanzés partagent le même don naturel depuis des millions d'années. Ils détournent des objets naturels de leur environnement (branches, herbes coriaces...) pour les utiliser comme outils, afin, principalement, de se procurer de la nourriture. Certains Australopithèques et les *Homo habilis* innovent en transformant volontairement un élément – une pierre en l'occurrence, mais peut-être aussi des morceaux de bois qui se sont détruits – pour obtenir un objet fonctionnel, c'est-à-dire répondant à une tâche bien définie. Ce qui sous-entend qu'il y a eu observation, apprentissage, action manuelle précise, soit un ensemble de techniques maîtrisées et une utilisation déjà planifiée. Bref, cela suppose une véritable réflexion et une authentique culture.

Les premiers vrais outils en pierre taillée ont plus de 3 millions d'années (vallée de l'Omo). Dans les gorges d'Olduvai, en Tanzanie, ou sur

PAGE DE DROITE
Le galet que cet Hominidé vient de tailler, sans doute par hasard, sera le premier d'une longue série. On en retrouvera dans toutes les régions où ont vécu les premiers Hommes et les derniers Australopithèques.

le site de Lokalelei, au Kenya, des milliers de ces outils de pierre sont mis au jour entre le début des années 1960 et la fin du XXe siècle. Démontrant qu'à cette lointaine époque déjà, les premiers représentants de l'espèce humaine maîtrisaient des techniques extrêmement efficaces de débitage des pierres : soit à partir de galets pour les aménager, soit à partir d'éclats de silex, de basalte ou d'obsidienne pour produire des lames et autres outils.

Personne ne sait encore « qui a fait quoi », comme s'est demandé Yves Coppens dès 1982. Mais force est de constater que ces pièces, dont la précision de fabrication se développe jusqu'à 700 000 ans, répondent à des besoins particuliers. Ces outils ont été découverts à proximité immédiate de tas d'ossements animaux. Ces os ont été fracturés pour en extraire la moelle, alors que d'autres ont visiblement été séparés les uns des autres par des *choppers*, c'est-à-dire de grosses pierres aménagées spécialement pour désarticuler les cadavres avant découpe, grâce à des lames plus fines et plus tranchantes. La panoplie présente également des rabots, des tranchoirs, des percuteurs...

Leur usage a pu être précisé par une science, la tracéologie. Grâce aux microscopes électroniques, les chercheurs peuvent montrer qu'à l'ins-

CI-DESSOUS
Si la pierre taillée par la pierre coupe la main, elle doit pouvoir aussi couper autre chose. Cette déduction a forcément été faite et montre à quel point les premiers hommes ont pu s'interroger sur le sens des choses.

Des outils au mètre

Des galets taillés aux plus fines pointes de flèche, sur une période de plus d'un million d'années, les Hommes n'ont cessé d'améliorer leurs techniques de taille, donc de développer l'efficacité de leurs outils. L'un des moyens les plus probants pour illustrer ces progrès technologiques est de prendre 1 kilogramme de pierres taillées, puis de mesurer la longueur du tranchant obtenu. Ce qui amène à des résultats proprement stupéfiants.
Dans chaque kilo de pierre datant de 2 millions d'années, on peut mesurer 10 cm de tranchant. Puis 40 cm il y a 500 000 ans, 200 cm il y a 50 000 ans, pour parvenir à 2 000 cm il y a 20 000 ans ! Cette mesure, simple de prime abord, montre non seulement que les techniques ont évolué, mais aussi que les tailleurs ont de mieux en mieux employé les matières premières qui étaient à leur disposition. De même, la reconstitution des nucléus a permis de constater que les gestes de percussion d'une pierre sur une autre étaient accomplis par des droitiers, ce depuis les temps les plus lointains. Les dimensions des outils ainsi confectionnés montrent enfin que ces derniers étaient appropriés à des mains d'hommes ou de femmes d'une taille comparable aux nôtres.

tar des dents, les pierres taillées présentent des surfaces d'usure ou d'abrasion qui correspondent au dépeçage d'un animal ou à la découpe de plantes coriaces. De même, le remontage des nucléus grâce aux éclats qui en ont été séparés par l'artisan de l'époque permet de reconstituer les techniques de débitage. *Habilis* connaît très bien la structure de la matière qu'il travaille, profitant des plans de coupe et de la texture de la pierre pour en détacher des éclats d'une forme prédéfinie. Des ateliers de débitage dégagés près de véritables gisements de silex montrent aussi que ces premiers hommes anciens ne laissent plus leur production au hasard : ils savent où se trouvent les pierres qui les intéressent, révélant ainsi une connaissance rationnelle de leur environnement.

Les paléoanthropologues parlent alors de Paléolithique archaïque. Au début de celui-ci, la

DOUDLE PAGE SUIVANTE
Fort de ses découvertes et avec son cerveau plus développé, *Homo habilis* se sent plus sûr de lui. Pour se nourrir, il peut se permettre de rivaliser avec les grands prédateurs de la savane.

période oldowayenne est datée de 1,8 million d'années – son nom vient du site tanzanien d'Olduvai – et se retrouve notamment sur le site Melka Kunture, en Éthiopie. C'est alors une culture digne de ce nom qui se développe et va accompagner les premiers Humains, dans leur lente conquête de la surface terrestre à partir de l'Afrique.

CI-DESSOUS Premiers essais pour reproduire le geste qui donne des pierres taillées utilisables.

Chaque jour, *habilis* s'interroge sur les mystères qui l'entourent. Son esprit cherche à comprendre. Sa conscience naît peu à peu.

DE L'ARBRE À LA CABANE

Se privant graduellement de l'abri protecteur des branches à mesure qu'ils conquièrent la bipédie, *Homo habilis* et *rudolfensis* doivent concevoir des refuges au niveau du sol. C'est la naissance de l'habitat construit.

Les premiers *Homo* sont des nomades. Ils arpentent les savanes en groupes, composés parfois de plusieurs dizaines d'individus, mettant ainsi leurs forces en commun pour s'approprier toutes les sources de nourriture possibles. En devenant de plus en plus bipèdes et alors que la sécheresse s'étend à nouveau, ils perdent la possibilité de se réfugier dans les arbres en cas de danger ou simplement pour dormir. Au contraire des autres animaux, nos ancêtres ne sauraient se contenter de se coucher sur le sol pour se reposer. Il leur faut innover.

La pensée conceptuelle, déjà à l'œuvre pour la confection des outils, va les aider à sortir de cette situation quelque peu dangereuse. Ils utilisent d'abord les éléments de leur paysage, comme les

CI-DESSUS Sans doute pour retrouver la sécurité qu'il a connue dans les arbres, *Homo habilis* essaie de construire des abris de branchages. Les autres Hominidés, comme ici *Homo ergaster*, reprendront cette idée et perfectionneront les abris.

falaises ou les abris sous roche, pour passer la nuit. Mais, le jour, ils donnent toute la mesure de leur imagination.

Divers cercles de pierre, découverts notamment en Tanzanie, au Kenya et en Éthiopie, suggèrent que ces Hominidés ont utilisé ces figures géométriques simples pour soutenir des accumulations de branchages en forme de voûte, donc en construisant de véritables petites cabanes. Comme s'ils avaient voulu recréer la sécurité de la canopée en la transposant au niveau du sol. Mais, surtout, ces aires, parfois nivelées et surélevées – comme à Gomboré, en Éthiopie –, semblent indiquer une volonté de dégager une zone bien délimitée pour l'occuper de manière plus ou moins permanente.

Ces premiers habitats, qui ont existé entre 1,8 et 1,3 million d'années, sont-ils suffisants pour protéger le groupe des carnassiers ? Les Hominidés n'utilisent-ils pas des stratégies de défense, comme de placer des branches d'épineux autour de leurs cabanes ? Il est encore difficile de le déterminer dans la mesure où, bien entendu, les végétaux ayant servi de matière première à ces abris ont disparu. Mais les comparaisons ethnologiques avec des peuples africains modernes peuvent induire à le penser.

En revanche, cet habitat laisse la trace indélébile d'une nouvelle organisation sociale de ces Hominidés. La mise en place de telles constructions suppose en effet un effort commun du groupe, avec un partage prononcé des tâches, pour parvenir à assurer à la fois la sécurité de la communauté et son ravitaillement. Les ateliers de débitage de pierre et de boucherie prouvent ainsi cette spécialisation des premiers Humains. Leur situation, proche de lacs ou de rivières, montre également que les pérégrinations d'*habilis* ou de *rudolfensis* sont étroitement associées à la proximité de l'eau. Pourtant, des sites d'implantation plus tardifs sont perchés sur des terrasses fluviales. Ils laissent imaginer que des moyens de transport de l'eau existaient, mais ceux-ci n'ont malheureusement pas non plus laissé de traces paléontologiques

Cette localisation au bord de cours d'eau, bien qu'entachée de quelques dangers importants pour les populations de l'époque (inondations, coulées de boue, passage de troupeaux de grands animaux) a toutefois eu pour nous l'immense avantage de favoriser la conservation des traces de ces premiers habitats.

LA TRANSMISSION DU SAVOIR

Confectionner des outils en pierre, ériger une cabane de branches, spécialiser les individus suppose un échange, une mémoire et un apprentissage, bref, une transmission du savoir de génération en génération. L' enseignement devient l'un des pivots de la culture.

La première école au monde a peut-être ressemblé à cela : un tailleur de pierres apprenant à un ou plusieurs jeunes d'un groupe les étapes de la confection d'outils. *Habilis* et *rudolfensis* doivent une partie de leur succès à cette faculté de transmettre les informations et les apprentissages – bref le savoir – de génération en génération. Leur cerveau plus développé, mieux irrigué, permet cet échange sur lequel va se fonder en partie la pérennité du groupe. Les gestes, les mimiques, l'exemplarité et sans doute une amorce de langage autorisent ce transfert de compétences au-delà du temps d'une vie.

Les sociétés modernes savent que l'expérience est irremplaçable pour effectuer un travail bien précis. Mais elle n'est rien s'il n'existe pas de possibilité de diffuser les connaissances à son groupe ou à l'Humanité entière. Le Shungurien et l'Olduwayen constituent, sur ce plan, d'authentiques civilisations lithiques, qui ont commencé à essaimer dans toute l'Afrique à partir de 2,5 millions d'années seulement. L'Olduwayen a d'ailleurs été relayé par l'Acheuléen, dont les artisans confectionnaient des outils encore plus élaborés : les bifaces. Cette période est très longue dans la préhistoire, puisqu' elle s'étend de 1,6 million d'années à 300 000 ans.

CI-DESSUS ET PAGE SUIVANTE Les tentatives plus ou moins fructueuses, en un mot l'apprentissage, participeront à concéder à *Homo habilis* la place de premier Homme.

L'apprentissage est aussi la manière d'enseigner aux plus jeunes l'état de l'art – taille de la pierre, construction d'abris, stratégies de chasse ou de pêche – à un moment donné. C'est le socle commun à partir duquel certains individus conçoivent d'autres techniques pour affiner encore leur art : renforçant ainsi leur importance au sein même du groupe et, surtout, assurant sa survie globale. Les cerveaux de ces premiers Humains sont ainsi continuellement sollicités. D'autres connexions neuronales s'y forment, l'imagination et la réflexion se renforcent pour tendre vers la production d'outils de meilleure qualité ou d'un usage plus facile.

Pourtant, la base même de ces progrès demeure identique. La physionomie fondamentale du *chopper* ou du biface n'a pas évolué en un million d'années, même si leur finition devient plus précise encore. Il en est ainsi du hachereau, création emblématique de l'Acheuléen africain, dont la conception technique ne se modifie quasiment pas alors qu'il se répand de l'Afrique de l'Est vers le Maghreb et la péninsule Ibérique ou vers l'Afrique australe.

L'aire et la rapidité d'extension de ces techniques suggèrent également qu'il y a eu des contacts entre groupes différents d'Hominidés, leur permettant d'apprendre des procédés de fabrication différents. À l'inverse, la cohabitation entre Olduwayen et Acheuléen semble montrer que certains groupes ont conservé des techniques plus ou moins archaïques, alors que d'autres ont véritablement adopté les nouveaux paradigmes avant de les améliorer et de les « exporter » à leur tour. De la Chine, où le site de Renzidong a livré des outils lithiques datés de 2,1 millions d'années, à l'Europe du Sud, ces technologies irradient à partir de l'Afrique, accompagnant ainsi la formidable expansion des Hominidés sur tous les continents.

CI-DESSOUS
Les premiers essais de langage auxquels se livre *Homo habilis* seront d'un grand secours pour l'évolution de sa culture. Le partage et l'enseignement des connaissances débutent.

Partage des tâches, partage de la nourriture ou des outils, l'organisation du clan progresse. La société des Hommes, avec ses conflits et ses rivalités, émerge peu à peu.

HOMO ERGASTER

LE CHASSEUR

De sa haute taille, il domine la savane. Grâce à un cerveau complexifié, il a diversifié son outillage. *Homo ergaster* peut quitter son Afrique natale, et partir à la conquête de la Terre, si cette conquête n'a pas déjà été entamée par son prédécesseur.

LE CONQUÉRANT

Fini les arbres et vive les grands espaces ! De son allure assurée, le « nouveau venu », apparu entre 2 et 1,8 millions d'années, quitte son berceau africain pour partir à la conquête du monde.

***Homo ergaster* est un contemporain des derniers *Homo habilis*.** Mais il est complètement différent. *Ergaster* a maintenant totalement perdu les capacités de grimpeur que possédaient ses ancêtres. Avec un corps plus longiligne, plus grand (probablement d' une taille équivalente à la nôtre), *Homo ergaster* apparaît comme un bon marcheur. De nombreuses évolutions anatomiques lui permettent de se déplacer certainement plus longtemps en se fatiguant moins : la forme du pied, la conformation du bassin court et étroit, l'articulation du genou plus stable.

Par ailleurs, son cerveau s'est encore développé (environ 900 cm^3). Son crâne devient également plus humain. La face est large et aplatie, malgré le bourrelet osseux qui surplombe toujours les yeux. La dentition présente égale-

PAGE DE GAUCHE
Ergaster le marcheur quitte définitivement le monde des arbres. Grâce à de nouvelles caractéristiques anatomiques et cérébrales, les *Homo ergaster* peuvent commencer à parcourir de longues distances, poussés par la recherche de nourriture ou, tout simplement, par la curiosité.

Ergaster l'Africain

Bien que les traces d'*Homo ergaster* aient été retrouvées aux portes de l'Afrique, la dénomination « *Homo ergaster* » est réservée aux fossiles d'*Homo erectus* dits « archaïques » mis au jour en Afrique. Les fossiles contemporains et leurs descendants retrouvés en Eurasie sont appelés *Homo erectus*, jusqu'à l'avènement des *Homo sapiens*. Toutefois avec une exception occidentale : l'Homme de Neandertal, comme nous le verrons plus loin.

ment des proportions plus proches de la nôtre. À cet égard, le développement des incisives et des canines, au détriment des dents jugales (prémolaires, molaires), prouve un changement de régime. *Ergaster* incorpore davantage de viande dans ses menus que ses prédécesseurs.

Outre sa morphologie, la physiologie d'*ergaster* lui permet de parcourir de grandes distances en craignant moins le soleil. La verticalité conduit les rayons solaires à ne frapper que sa

Ils parcourent des distances qu'ils ne savent pas mesurer… Gagnent des territoires dont ils n'avaient pas idée… Qu'est-ce qui les pousse ainsi vers un monde inconnu ?

tête et ses épaules, et non plus sa cage thoracique. L'Homme devient ainsi certainement moins poilu et développe ses glandes sudoripares, afin de mieux réguler sa température interne. Il supprime alors le halètement hérité de l'animal : ce contrôle du souffle ouvre la voie à l'émission de sons qui formeront un langage plus élaboré.

Forts de ces nouvelles caractéristiques, les *Homo ergaster* quittent le berceau de l'Humanité. L'espèce humaine se met en marche, débutant alors sa formidable expansion sur la planète, en fonction des glaciations ou

PAGE DE GAUCHE ET CI-DESSUS
Les *Homo ergaster* découvrent de nouveaux rapports sociaux. L'entraide et la fraternité font désormais partie du quotidien et augmentent les chances de survie du groupe.

Le garçon du Turkana

Surnommé « l'adolescent de Nariokotomé », le seul squelette quasiment complet d'un *Homo ergaster* a été découvert en 1985 sur les rives du lac Turkana, au Kenya. C'est d'ailleurs également presque le seul squelette aussi complet des hommes préhistoriques avant Neandertal. Ce squelette a été daté d'environ 1,6 million d'années et serait celui d'un adolescent de 12 ans mesurant 1,62 m. Si la mort n'était pas venue interrompre sa croissance, il aurait certainement dépassé 1,80 m à l'âge adulte. Cet enfant de Nariokotomé présente, selon les spécialistes, des caractéristiques anatomiques très proches des populations vivant actuellement dans la région du lac Turkana. Un indice supplémentaire désignant *ergaster* comme notre ancêtre direct.

des réchauffements qui font baisser ou monter le niveau des mers. Certainement sous la conjonction de plusieurs facteurs – une certaine pression démographique, des bouleversements environnementaux (comme les migrations des gibiers, par exemple) –, et sans doute aussi poussé par une curiosité de plus en plus importante, *ergaster* se déploie vers le nord et le reste de l'Afrique et, en passant par le Proche-Orient, vers les portes de l'Europe. On retrouve d'ailleurs, à la limite entre l'Europe et l'Asie, plus précisément à Dmanissi, en Géorgie, plusieurs crânes bien conservés appartenant probablement à des Hommes encore un peu *habilis* mais déjà un peu *ergaster* et datés de 1,8 million d'années.

Cette expansion a pu se produire très rapidement. Si l'on considère que chaque génération parcourt 50 km, 2 500 ans suffisent pour relier le Kenya à la Géorgie. Mais l'imprécision des méthodes actuelles de datation empêche de confirmer cette hypothèse.

TAILLEUR ET CHASSEUR

Une maîtrise de plus en plus profonde de la taille des pierres et des qualités de marcheur donnent à *ergaster* les moyens de sa subsistance. De charognard, il devient chasseur.

Avec l'apparition de nouvelles techniques de taille d'outils, une nouvelle culture voit le jour. On l'appelle l'Acheuléen, en référence à la ville de Saint-Acheul, dans le nord de la France, où elle a été décrite pour la première fois. Cette culture a pour principale caractéristique de fournir des outils symétriques. Pour la première fois, des bifaces sont fabriqués par l'Homme.

PAGE PRÉCÉDENTE ET CI-DESSUS Inventeurs des bifaces, mais aussi certainement d'autres outils dont on n'a pas retrouvé la trace, les *Homo ergaster* deviennent de vrais chasseurs, délaissant le charognage.

De forme assez sommaire, les bifaces acheuléens sont issus directement de la culture oldowayenne, en Afrique de l'Est : il suffit d'enlever quelques éclats supplémentaires. En fait, il y a une continuité entre les deux cultures, comme on l'a montré à propos d'*Homo habilis* (voir p. 82). Ces bifaces illustrent tout de même la complexification du cerveau des Hominidés. En effet, pour concevoir et fabriquer des outils symétriques, le degré de réflexion doit être beaucoup plus important.

Tailler les deux faces d'une même pierre requiert une préparation, une connaissance quasi parfaite des lignes de fracture et de la texture du matériau, une technique consommée. Bref, tout un travail d'imagination, de conception et de représentation mentale en trois dimensions d'un objet, qui doit par ailleurs présenter certaines caractéristiques pour remplir des fonctions bien précises (broyer, trancher, racler…).

C'est en 1797 que, pour la première fois, un biface découvert par J. Frere dans la région de Hoxne, en Angleterre, a été reconnu comme œuvre humaine en tant que telle. Les mises au jour de ces dernières décennies ont montré que cette industrie lithique véritable a non seulement suivi

Un menu très varié

Plus rapides et plus endurants que leurs prédécesseurs, les *ergaster* traquent désormais des gibiers de toutes les tailles, ils n'en négligent pas pour autant les carcasses quand elles se présentent à eux. En fait, on peut imaginer qu'ils chassaient des animaux de taille moyenne, comme les gazelles, ou de taille plus importante, comme les éléphants, les rhinocéros, les buffles ou les hippopotames. Mais on a pu retrouver aussi des ossements de petits animaux – des caméléons et des grenouilles – et même des coquilles d'escargots. En somme, nos premiers ancêtres mangeaient quasiment tout ce qui se présentait à eux.

l'expansion territoriale de ces marcheurs extraordinaires, mais constitue l'une des caractéristiques particulières d'*ergaster*.

Curieusement, certains sites ne présentent que peu ou pas d'outillage en pierre. En effet, les spécialistes supposent que les *Homo ergaster* de l'Afrique, ou les *Homo erectus* asiatiques, contemporains des premiers, en s'installant dans des zones au climat totalement différent de celui qui régnait en Afrique de l'Est, se sont adaptés à un environnement de grandes forêts humides. Ils ont alors privilégié les ressources locales. Un outillage développé sur des matériaux périssables comme le bois a pu exister, mais sans laisser aucune trace de présence humaine.

Ces nouveaux outils (outils en pierre, mais aussi certainement réalisés dans d'autres matériaux), alliés à ses grandes capacités de marcheur, permettent à *ergaster* de changer de technique pour se procurer de la nourriture. Il se met à chasser plus fréquemment afin de ne plus dépendre uniquement des prises volées aux autres prédateurs. Ainsi, l'Homme abandonne-t-il progressivement le charognage pour chasser son propre gibier. Il se met aussi à s'organiser différemment. Le groupe s'affirme.

DOUBLE PAGE SUIVANTE
Leur régime alimentaire particulier pousse les *Homo ergaster* à s'organiser en groupe pour chasser cette viande qu'ils affectionnent. Désormais, chacun trouve sa place dans le clan.

ET L'HOMME INVENTA LA SOCIÉTÉ

Son cerveau continue de grandir. *Ergaster* va faire des inventions prodigieuses, mais aussi découvrir de nouveaux rapports sociaux, de nouveaux sentiments.

Avec 900 cm^3 de capacité crânienne – soit presque autant que certains *Homo sapiens* actuels –, *Homo ergaster* se trouve doté d'un cerveau à nul autre pareil. De nouvelles circonvolutions et de nouvelles connexions se mettent en place, développant certaines zones de cet organe, comme les aires du langage, ce qui facilite et amplifie les communications au sein du groupe. Le lobe frontal, siège des émotions, et le lobe pariétal, siège sensoriel, évoluent. Et, surtout, leurs fonctions se perfectionnent.

Physiquement et intellectuellement, *ergaster* marque un véritable bond évolutif dans la lignée humaine. Pourtant, ses premiers représentants sont contemporains des derniers Australopithèques et des groupes disséminés d'*Homo habilis*. Il est donc encore très difficile pour les paléoanthropologues de fixer définitivement les relations de lignage entre ces diverses espèces. Par exemple, la stature de son squelette est extrêmement proche de celle de l'Homme moderne, ce qui n'est pas le cas de ses contemporains.

Par ailleurs, la taille et, surtout, le fonctionnement de son cerveau impliquent des dépenses d'énergie considérables par rapport au reste du corps. Il mobilise ainsi, à lui seul, plus de 25 % des ressources énergétiques corporelles, alors qu'il ne représente que 2 % du poids total d'un individu. D'où la recherche d'une alimentation plus calorique, disponible en toutes saisons et en tous lieux : la viande fraîche.

Ce cerveau important et la réflexion qui en découle, induisent également d'autres rapports sociaux. *Ergaster* a conscience qu'il fait partie d'un groupe et que la survie de ce groupe dépend de chacun. Ce nouveau comportement l'amène à avoir besoin des autres et aussi à proposer son aide aux autres. Pour la première fois dans le

PAGE DE GAUCHE
« Il pleure. Qu'est-ce qui fait couler de l'eau sur son visage ? » Les rapports sociaux s'affirmant et se complexifiant, *Homo ergaster* commence à prendre conscience du temps. Il s'interroge peut-être pour la première fois sur la vie qui passe.

Démographie clanique

Si nous sommes aujourd'hui plus de 6 milliards d'êtres humains sur Terre, on peut imaginer qu' il y a 2 millions d'années, les *Homo ergaster* n'étaient que quelques dizaines de milliers. En observant des populations actuelles, tels les chasseurs inuits du Groenland, on peut estimer que les premiers chasseurs *ergaster* vivaient en familles de 20 à 30 personnes. Pour des raisons de survie, quand la population augmente de manière trop importante, un petit groupe se détache et part s'installer quelques dizaines de kilomètres plus loin. Dans un environnement donné, un équilibre se crée spontanément entre le nombre d'herbivores, de carnivores et d'omnivores.
Quand les fossiles humains sont suffisamment nombreux dans des gisements de la même période pour que la statistique soit significative, on a pu estimer leur population à environ 1 Homme pour 10 km^2, soit environ la densité du peuplement aborigène actuel dans certaines régions d'Australie. C'est donc par petits groupes bien organisés que les premiers Hommes commencent à coloniser la planète.

monde animal, des notions – plus ou moins exprimées – de solidarité et de filiation se mettent en place : des concepts à la base même de l'Humanité. Apparaît une organisation différente du groupe. Il est probable que, dès 1,8 million d'années, le territoire se structure autour d'un camp de base. Cette organisation suppose aussi une architecture sociale précise, comprenant vraisemblablement une division sexuelle des tâches : les hommes se consacrent à la chasse, pendant que

les femmes se chargent de collecter les nourritures végétales et le petit gibier.

L'évolution de la conscience de ces *Homo ergaster* a pu les amener aussi à prendre conscience de la mort et du caractère précaire de la vie. L'existence même de familles constituées et de groupes organisés implique l'émergence de sentiments, d'émotions partagées par les membres d'une même cellule familiale ou du même clan. Toutes pensées qui forment l'un des piliers de la société hiérarchisée et organisée indissociable de l'espèce humaine.

CI-DESSUS
Le campement qui accueille le clan est à présent bien organisé. La notion de hiérarchie qui existe entre les individus d'un groupe structure l'espace.

MILLION D'ANNÉES

-1,5 -0,1

HOMO ERECTUS

LE CONQUÉRANT

L'Homme dressé est en même temps l'Homme intelligent. Son organisation sociale, sa technologie vont lui offrir les clefs de la Terre.

UN CRÂNE PROTECTEUR

Doté d'un cerveau deux fois plus gros que celui de ses cousins Grands Singes, *Homo erectus* s'avance à grands pas vers l'Homme moderne.

***Homo erectus*, « l'Homme dressé ». Il est grand, ce nouvel Hominidé** dont l'origine semble se situer aussi en Afrique : entre 1,60 et 1,80 m. Déjà une stature d'Homme moderne. Mais c'est son cerveau qui l'individualise par rapport à *habilis*. Avec une capacité crânienne d'environ 900 à 1 000 cm^3, *erectus* dépasse de plus du double le volume crânien de ses cousins les Grands Singes. Cela est dû, une nouvelle fois, à l'adaptation au milieu dans lequel il évolue désormais. Il doit donc, par la force des choses, modifier son régime alimentaire et devient pour cela véritablement omnivore.

La maîtrise du feu, il y a 500 000 ans, entraînant la cuisson des aliments, a certainement contribué pour une part à cette évolution. Les protéines et les graisses apportées permettent d'emmagasiner une plus grosse quantité d'énergie. Elle sera alors utilisée par le cerveau, qui va pouvoir se développer en conséquence.

PAGE DE DROITE Plus grand, avec un crâne plus gros, *Homo erectus* « s'humanise » par ses comportements sociaux et ses facultés désormais plus proches des nôtres.

CI-CONTRE
Aidés par de nouvelles capacités intellectuelles et de nouvelles armes, les « Hommes dressés » deviennent de formidables chasseurs.

CI-CONTRE ET PAGE DE DROITE
Pour manger, les *Homo erectus* tuent. Désormais, ils ont appris à se procurer la seule nourriture disponible en toute saison : la viande fraîche.

Le crâne d'*erectus* comporte des parois très épaisses, jusqu'à 1,3 cm à certains endroits. Le front est fuyant, la face prognathe, c'est-à-dire projetée en avant, alors que le dessus des yeux montre une sorte de visière osseuse. Là encore, le menton demeure en arrière du bas du visage. De part et d'autre du cerveau, des renforcements des os temporaux et de l'occipital concourent à la protection de cet organe vital.

Les dents sont plus puissantes et de dimensions plus importantes que celles de *sapiens*, ce qui révèle un régime alimentaire de végétaux et de viande crue. Les os des membres sont robustes. Mais ils ne l'empêchent pas d'adopter une posture et de posséder une démarche très semblable à celles de l'Homme moderne.

Cette évolution donne aux Hommes des possibilités intellectuelles nouvelles. La chasse se perfectionne, le langage s'articule, l'Homme maîtrise le feu, transmet son savoir de plus en plus grand. Globalement, le développement de l'encéphale a pour résultat immédiat la complexification des comportements dans tous les domaines de la vie.

Mais le cerveau possède un défaut important : sa fragilité. La posture verticale le laisse à la merci des variations de température pouvant (et l'Homme moderne en est encore témoin aujourd'hui) provoquer des malaises (insolations), voire entraîner la mort. Les cheveux demeurent certes une bonne protection, mais qui n'est pas toujours suffisante. En fait, la solution viendra d'une modification de l'irrigation sanguine du cerveau dont la chaleur sera en partie évacuée grâce à ce drainage.

La première arme d'Homo erectus, le prédateur, c'est son organisation. Pour rivaliser avec les loups et les lions, il utilise la force du groupe et prépare ses attaques avec soin.

LE LANGAGE ARTICULÉ

Les sons se transforment en mots, qui permettent une communication plus fine. Le larynx devient une pièce maîtresse de l'hominisation.

L'adaptation progressive à la sécheresse depuis les événements de la Rift Valley a conduit à de nombreuses modifications anatomiques. Une des moins visibles, mais des plus importantes pour la suite de notre histoire, réside dans la modification des voies respiratoires, qui s'exprime par la descente du larynx. L'Homme est le seul vertébré à posséder un larynx en position basse. Cette particularité permet, avec la mise en place des cordes vocales, l'installation d'une sorte de caisse de résonance entre celles-ci et la bouche.

Grâce à l'approfondissement et à la réduction de l'os mandibulaire situé derrière les incisives, l'espace disponible offre aussi une plus grande mobilité de la langue. De plus, le nouveau mode de refroidissement du corps par transpiration entraîne chez l'Homme la disparition du halètement. Et cela autorise la régulation de la respiration humaine, indépendamment de la température extérieure. C'est là l'une des caractéristiques de l'Homme les plus importantes, qui constitue l'une des conditions nécessaires à la production du langage articulé. Car ce dernier requiert un contrôle total du souffle.

CI-DESSUS
Le langage se met en place graduellement. Il améliore la communication dans le groupe et favorise les échanges, en particulier l'apprentissage.

Une caisse de résonance, une langue plus mobile, une maîtrise du rythme du souffle : le langage s'articule donc et commence à ressembler au nôtre. Il devient beaucoup plus élaboré. De plus, l'étude de l'endocrâne révèle la présence de l'aire de Broca, l'aire principale du langage dans la région frontale, déjà présente chez les Australopithèques et aussi chez les Grands Singes, mais désormais beaucoup plus développée et associée à une autre aire du langage, l'aire de Wernicke, liée à la compréhension du langage et située dans la région occipitale.

De même, un examen de moulages de ces cerveaux anciens (voir p. 77) montre que la partie gauche en est plus développée que la partie droite, un caractère présent également chez les cousins simiens. Cette asymétrie morphologique montre que le planum temporal, cette zone du lobe

temporal activée lors des traitements linguistiques (expression, compréhension), était déjà sur la voie d'une grande complexification.

Certes, le langage n'est pas encore aussi élaboré que le nôtre. À cet égard, *erectus* rencontre sans doute des difficultés de prononciation de

La phrase fait-elle l'Homme ?

Les aires de Broca et de Wernicke sont importantes pour la production et la compréhension du langage.

Des spécialistes ont montré que ces aires cérébrales étaient aussi présentes chez les Chimpanzés. Ce qui distingue vraiment le langage des Hommes de celui des autres animaux, c'est la complexité, la capacité à former des phrases. Il est vrai que, chez certains oiseaux, par exemple, on a pu recenser jusqu'à plusieurs centaines de sons différents, chacun correspondant à une situation précise. Mais seul l'Homme, avec son langage articulé régi par un vocabulaire, une grammaire et une syntaxe élaborés, assemble plusieurs sons pour former des mots puis des phrases. Suivant la manière dont ils sont associés, les sons peuvent prendre des sens différents.

certains sons. Mais il va se perfectionner rapidement jusqu'à atteindre le degré de complexité que nous connaissons aujourd'hui.

Ce moyen d'expression élaboré sera d'autant plus stratégique pour les futurs rameaux d'*Homo* qu'il leur permettra d'accroître leurs échanges, donc de diffuser entre eux la connaissance et l'expérience. Car la communication entre Hommes est fondamentalement différente de celles existant entre animaux. Elle n'est pas seulement fondée sur une demande. Elle est basée également sur un partage de la représentation du monde, un niveau cognitif qui va faire de l'Homme ce qu'il est.

LAMES, GRATTOIRS ET BIFACES

La taille des outils en pierre s'est perfectionnée. *Erectus* possède désormais une véritable panoplie pour satisfaire tous ses besoins, notamment alimentaires.

CI-CONTRE ET PAGE SUIVANTE Considérés au Moyen Âge comme des pierres magiques – appelées les « pierres de foudre » –, les outils des *Homo erectus* se diversifient. Ainsi les racloirs, les grattoirs, les percuteurs et les lames s'ajoutent aux bifaces.

Si les premiers bifaces, ou protobifaces, sont apparus avec les *Homo ergaster* vers 2 millions d'années (voir p. 101), les bifaces au sens strict naissent véritablement avec les *Homo erectus*.

Le biface, retouché sur ses deux faces comme son nom l'indique, est l'un des objets les plus remarquables produits par les hommes préhistoriques. Le plus souvent de la taille d'une main, cet objet présente une forme ovale ou triangulaire caractéristique. Ses deux faces forment des surfaces convexes, qui présentent un tranchant rectiligne à leur intersection, sur la plus grande partie de son pourtour. Il peut être taillé à partir de rognons ou de gros éclats de silex, mais aussi sur du quartzite, du grès lustré et autres pierres adéquates.

Choix des matériaux, techniques d'extraction, de débitage, de façonnage... l'expérience des anciens est devenue irremplaçable.

Les dimensions de cet outil sont très variables. Les plus grands dépassent une vingtaine de centimètres, alors que les plus petits n'atteignent que quelques dizaines de millimètres. Les formes sont également très diverses, ainsi que l'épaisseur. Cette variété extrême montre non seulement une maîtrise certaine de la production de ces artefacts, mais également qu'*Homo erectus* avait conçu toute une panoplie d'objets utilitaires en fonction de ses besoins, notamment alimentaires.

Le biface peut être considéré comme le « *couteau suisse* » de la préhistoire. Il sert à tout et on le retrouve à toutes les époques, depuis 1,5 million d'années jusqu'à des périodes assez récentes, vers 50 000 ans. De forme assez sommaire au début, on l'appellera « feuille de laurier » ou « feuille de saule » quand les *Homo sapiens* maîtriseront parfaitement l'art de la pierre taillée. Les bifaces sont alors très fins, quelques millimètres d'épaisseur, et ont certainement une vocation plus artistique ou symbolique qu'utilitaire, eu égard à leur apparente fragilité. Malgré les nombreux vestiges d'industrie lithique, découverts depuis un siècle entre le nord de la France et l'Afrique de l'Est, l'origine même de cet outil demeure inconnue, comme l'est d'ailleurs le passage entre le galet aménagé et le biface. Mais force est de constater que ces réalisations imposent la notion de symétrie, une des plus belles découvertes conceptuelles des Hominidés.

C'est à ce moment précis que les Hommes cessent de copier la nature – les galets aménagés étaient des reproductions de roches cassées naturellement – pour imposer à la matière leur propre empreinte. Leur recherche quitte le domaine de l'efficacité ou de l'utilité : elle commence à investir les territoires inexplorés de l'harmonie et de la beauté.

LE PARTAGE DU TRAVAIL

Dans le clan *erectus*, chacun commence à se spécialiser. Les liens entre ses membres se précisent. Le sentiment d'appartenir à une famille se renforce.

Une observation attentive des traces conservées sur un lieu occupé par des *Homo erectus* montre une spécialisation importante des aires de campement. À côté de l'endroit où l'on dort, il y a l'emplacement où l'on mange et la place d'un véritable atelier où l'on taille les outils en pierre. Ces vestiges, souvent ténus, indiquent une forme d'organisation relativement élaborée dans la distribution des tâches. Avec les *erectus* un peu plus tardifs, vers 500 000 ans, on trouve même des traces de foyer, au sens premier du terme, c'est-à-dire de points où le feu a été entretenu durant un laps de temps plus ou moins long.

PAGE DE DROITE ET PAGE SUIVANTE Les relations à l'intérieur du groupe deviennent plus complexes, les tâches à accomplir plus nombreuses. Il faut donc répartir le travail pour plus d'efficacité.

Quel que soit le milieu dans lequel ils évoluent, les hommes chassent pour ravitailler le groupe, alors que, dans le même but, les femmes cueillent fruits et baies, arrachant à la terre toutes

Le modèle des sociétés « reliques »

La majeure partie des déductions comportementales concernant nos ancêtres sont issues des observations sur des populations actuelles. C'est le principe de l'« actualisme ». Certaines populations, dites, à tort, « reliques » ou « primitives » parce qu'elles pratiquent certaines techniques reliques ou primitives, existent encore. Vivant de manière quasi autonome de chasse, de pêche, de cueillette, en harmonie avec la nature, c'est-à-dire prenant seulement ce dont elles ont besoin, ces populations peuvent être considérées comme équilibrées. Elles peuvent représenter un modèle pour les traditions, les cultures, les rapports hommes / femmes ou le partage des tâches. On peut alors imaginer que les populations des premiers Hommes à former des sociétés comme les *ergaster* ou les *erectus* vivaient d'une façon analogue aux chasseurs inuits du Groenland ou aux aborigènes d'Australie, ou encore à quelques populations africaines encore nomades. Ces quelques populations sont souvent prises comme référence pour tenter de comprendre les agissements de nos ancêtres.

CI-CONTRE ET PAGE SUIVANTE Si les femmes ne participaient probablement pas à la chasse du gros gibier, elles jouaient un rôle tout aussi important, notamment dans la recherche de la nourriture végétale et dans la protection et l'éducation des enfants.

sortes de racines grâce à des bâtons à fouir. Les membres du groupe se retrouvent pour les repas et le repos, tandis qu'un des hommes taille les pierres dont le clan aura besoin pour mener à bien ses diverses tâches.

Car, avec la sophistication des outils, la technique se complique et il faut donc plus de temps pour les fabriquer. Le groupe a besoin de toute la main-d'œuvre disponible et celle-ci doit être qualifiée. Choix des matériaux, techniques d'extraction, de débitage, de façonnage : l'expérience des anciens est maintenant irremplaçable.

Bien plus accentuée que chez *Homo habilis*, la transmission du savoir est un phénomène très

important pour la continuité de l'espèce. À présent, avec les nouvelles facultés d'expression qu'autorise l'acquisition du langage articulé, de véritables écoles de plein air voient le jour. Les anciens instruisent les plus jeunes, afin qu'ils reconnaissent les matériaux nécessaires pour fabriquer de bons outils. Les jeunes apprennent à débiter, façonner les armes et les outils, parfois, comme aujourd'hui, en améliorant le savoir-faire des anciens. D'autres apprennent les connaissances indispensables à la chasse ou s'exercent à préparer le repas avec les adultes.

Contrairement aux Hommes modernes, les jeunes *erectus* ne traversent pas de crise d'adolescence. L'examen de la dentition de ces Hominidés montre que la période de croissance – qui s'apparente à celle, très rapide mais terminée assez tôt, des Chimpanzés ou des Australopithèques, par exemple – s'est allongée à mesure de l'évolution, pour déboucher, vers 800 000 ans, sur cette modification physique spectaculaire. Cette longue enfance permet aux jeunes d'apprendre tout ce dont ils auront besoin pour survivre, mettant ainsi à profit les capacités de leur cerveau.

Quant aux rapports entre groupes, il est extrêmement difficile de savoir s'il y avait coopération ou conflit. Mais l'examen de certains restes humains, datant du Paléolithique notamment, montre que les combats n'étaient pas rares. Et que le mythe de l'Homme primitif pacifique n'est qu'une vision idéalisée par les penseurs du XVIIIe siècle.

DIRECTION :
PLEIN EST !

Installé dans toute l'Asie, sauf dans les montagnes et les régions trop froides, *Homo erectus* crée de nouvelles civilisations.

***Homo habilis* quitte le berceau africain vers 500 000 ans.** Arrivé en Asie et en Europe, cet Homme devient désormais *Homo ergaster* puis *Homo erectus*. C'est, du moins, l'une des interprétations possibles données par certains paléoanthropologues. Car la situation est pour le moins complexe quant à l'identification et le suivi des pérégrinations humaines en Eurasie depuis l'Afrique.

Découverts et décrits pour la première fois par Eugène Dubois, à Java, au XIXe siècle, les *erectus* sont tout d'abord dénommés *Pithecanthropus erectus*, puis rebaptisés par la suite *Homo erectus*. Leurs caractères physiques les rapprochent en effet de cette espèce, notamment pour ce qui concerne le crâne et les membres. Si la théorie du grand voyage est la bonne, il apparaît que les *erectus* colonisent le continent asiatique très rapidement après leur départ d'Afrique. Des pierres taillées ont été mises au jour, notamment en

Chine (accompagnées d'os et de restes humains) et en Indonésie, datées de 2 millions d'années.

La Chine est, à cet égard, un formidable « réservoir » de découvertes car elle jouissait à l'époque d'un climat agréable. À Longgupo, dans l'est de la province du Sichuan, une grotte effondrée a livré deux pierres apparemment taillées, quelques dents et un morceau de mandibule. Le tout daté d' 1,9 million d'années. C'est à Zhoukoudian, à 48 km au sud-ouest de Beijing, qu'a été découvert *Sinanthropus pekinensis*, l'homme chinois de Pékin, c'est-à-dire un *erectus* taillant ses outils et ayant vécu en ces lieux à partir de 500 000 ans.

Les cinq calottes crâniennes et les restes de mandibules qui y ont été récoltés depuis 1927 ont d'ailleurs connu un sort étrange. Devant l'invasion japonaise, en 1941, les précieux ossements sont confiés à des Marines américains devant les convoyer aux États-Unis. Mais les caisses

CI-DESSUS
Surtout représentés en Asie, les *Homo erectus* peuplent rapidement toute la planète, sauf peut-être le continent américain.

Un seul foyer de départ ou plusieurs ?

Deux théories, à nouveau, s'affrontent sur le parcours effectué par les *Homo erectus* dans l'Ancien Monde.
La première, dite de la « continuité régionale », admet l'existence d'un tronc commun représenté par *Homo habilis* puis *ergaster*, puis par *Homo erectus* se diversifiant sur presque toute la planète, enfin par *Homo sapiens*. Mais cette vision paraît trop simple et semble cacher des mouvements plus complexes des Hommes entre l'Afrique, l'Asie et l'Europe.
Actuellement, la majorité des paléoanthropologues s'accorde sur la seconde théorie, dite de « l'origine unique ». La lignée asiatique descendrait des dernières populations d'*ergaster* qui ont émigré avant 1,5 million d'années, emportant avec eux des outils et des techniques de l'Oldowayen qui ont perduré jusque récemment. Les Hommes robustes d'Asie représenteraient donc une seule espèce : les *Homo erectus*. Les *Homo ergaster* restés en Afrique, que l'on appelle également *Homo heidelbergensis*, connaissent une expansion rapide dans toute l'Afrique entre 1,5 et 1 million d'années, puis au Moyen-Orient et en Europe vers 500 000 ans.

DOUBLE PAGE PRÉCÉDENTE Le feu apporte réconfort, chaleur et protection. Il devient très vite un allié indispensable à la survie du clan.

disparaissent durant le trajet et elles semblent perdues à jamais.

C'est sans doute à cette époque que l'on voit apparaître une différenciation des types humains. En arrivant sous de nouveaux climats, dans de nouveaux milieux, les Hommes s'adaptent rapidement, en quelques centaines ou en quelques milliers d'années tout au plus. Des variations physiques spécifiques apparaissent, comme la couleur de la peau, la forme du nez ou de la cage thoracique. Des populations dites « régionales » s'installent aux quatre coins de la planète, au moment où *Homo neandertalensis* et *Homo sapiens* se côtoient au Proche-Orient et en Europe occidentale.

LA CONQUÊTE DU FEU

L'Humanité franchit une étape essentielle grâce à la véritable révolution culturelle qu'est la domestication du feu.

Les premières traces de feu remontent à environ 1,5 million d'années en Afrique du Sud, à Swartkrans ; trois petits morceaux d'os brûlés laissent supposer un usage contrôlé du feu. Si cet épisode peut être attribué à *Homo ergaster*, c'est vraiment avec *Homo erectus* que se répandent les premiers foyers. D'ailleurs, ce phénomène s'est produit, presque au même moment, aux deux extrémités de l'Eurasie, en Chine (Zhoukoudian) comme en Bretagne (Menez Dregan).

La présence de ces foyers est révélée par des résidus de cendres, des pierres qui y sont enchâssées – leur couleur a changé et elles se sont fissurées sous l'action du feu. En plus de ces roches brûlées, les chercheurs ont découvert également beaucoup d'os consumés, ainsi qu'un peu de charbon de bois.

L'apprentissage du feu n'est pas facile. Les Hommes préhistoriques doivent d'abord s'af-

CI-DESSUS
Les *Homo erectus* révolutionnent leur mode de vie en apprivoisant le feu, d'abord considéré comme un ennemi dangereux, puis en apprenant à le fabriquer. Ils s'en servent pour améliorer leur bien-être.

franchir de la peur qu'il leur inspire... comme aux animaux, d'ailleurs. Au début, les *Homo erectus* ont certainement dû rapporter, à leurs campements ou dans leurs cavernes, des branches enflammées, restes de feux de forêt. En entretenant ce feu pour qu'il dure le plus longtemps possible, ils peuvent se chauffer et éloigner les prédateurs. Rapidement aussi, ils ont pu cuire la viande, après s'être aperçus que cet aliment avait meilleur goût et qu'elle faisait moins mal au ventre, étant plus facile à digérer.

Les premières traces indéniables de feu entretenu datent de 500 000 ans. Pourtant dans la grotte de Tautavel, dans les Pyrénées-Orientales, aucune trace de combustion n'a été isolée mais il en est un peu comme du feu nucléaire : tout le monde ne l'a pas en même temps. Mais, à cette date, outre la caune de l'Arago, bien d'autres sites présentent des foyers aménagés durablement approvisionnés : Terra Amata, près de Nice ; Vertesszölös, en Hongrie ; Orgnac, en Ardèche...

L'Homme découvre avec lui un formidable outil le libérant de certaines contraintes naturelles, comme l'absence de lumière la nuit, les hivers rigoureux, la menace des grands carnivores. Surtout, le feu lui permet d'étendre son

aire de développement. Malgré les glaciations, malgré les vicissitudes climatiques, les *Homo erectus* – ainsi que les autres familles du genre *Homo* – bénéficient d'un nouveau modèle d'organisation sociale ou clanique, autour du feu qui éclaire et qui réchauffe, devenant donc un facteur essentiel de convivialité et d'échanges. La culture, au sens large du terme, est en partie tributaire de cette domestication.

L'Homme préhistorique se sépare réellement du monde animal avec cette maîtrise du feu qui l'accompagnera, sous de multiples formes, sur la longue route de l'hominisation. C'est l'une des nombreuses révolutions culturelles qui vont modifier son destin.

Allumer et garder le feu

Différentes techniques existent, ou ont existé, pour fabriquer du feu. Si aujourd'hui il nous suffit d'appuyer sur un bouton pour avoir du feu, il a fallu des dizaines de milliers d'années après sa conquête avant qu'un feu puisse être allumé par la main de l'Homme. Une des techniques qu'ont pu utiliser les *Homo erectus* dès le début, et qui existe encore aujourd'hui chez certaines populations, consiste à faire tourner rapidement une baguette de bois entre les mains sur un autre bout de bois, afin de l'échauffer. On ajoute alors au bon moment une touffe d'herbes ou de feuilles sèches pour faire partir le feu. Ce n'est certainement que bien plus tard que des étincelles ont pu être produites en tapant un morceau de silex sur un morceau de pyrite, étincelles qui viennent enflammer un petit tas d'herbes ou de mousse séchées. Cette technique apparue vers 30 000 ans se révélera plus rapide et plus pratique, à condition d'avoir les bonnes pierres à disposition.

MILLIERS D'ANNÉES
-200 -40

LES NÉANDER-TALIENS

L'AUTRE HUMANITÉ

Une partie des *erectus* établis en Europe sont piégés par les glaciations. Leur adaptation au froid va les doter de caractères originaux. L'Homme de Neandertal évolue en vase clos et établit une culture très spécifique.

LE PIÈGE GLACÉ EUROPÉEN

En Europe, le froid s'installe car les glaciations se succèdent. Les *erectus* européens sont piégés par des glaciers qui isolent tout le continent. Ils débutent leur propre évolution.

L'espèce humaine est, comme toutes les espèces animales, fille du climat terrestre et de ses modifications. Car, une nouvelle fois, un phénomène climatique est à l'origine d'un épisode important de l'histoire du genre *Homo*. Entre 900 000 et 35 000 ans, pas moins de neuf glaciations se succèdent, signes les plus visibles des oscillations climatiques qui perturbent la Terre. Ces fluctuations, au cours desquelles règnent des températures moyennes inférieures à celles de notre époque, sont entrecoupées de périodes interglaciaires tempérées, mais courtes.

Arrivés en Europe il y a plus d'un million d'années, sans doute même plus de deux, les premiers Hommes sont piégés par ces glaciations successives, qui provoquent la mise en place, dans le nord-ouest de l'Europe, d'une calotte glaciaire de plusieurs centaines de kilomètres de large. Le sol reste gelé en permanence, bloquant le passage vers le nord. L'actuelle Espagne est isolée par la barrière glacée pyrénéenne. Depuis la France actuelle, seul un étroit passage existe en direction de l'Allemagne et du Danube, entre la limite sud de l'inlandsis et l'arc alpin. Au centre et à l'est de l'Europe, le développement de puissants glaciers sur le massif montagneux du Caucase augmente l'effet d'isolement géographique et génétique des Néandertaliens.

Sous l'effet d'une véritable « dérive génétique », un nouveau type humain apparaît dans ce piège européen glacé. Certes, une partie de leurs caractères résulte d'une adaptation biologique à des conditions nouvelles. Mais la fixation d'un certain nombre de leurs traits physiques si caractéristiques est sans doute due à la combinaison du hasard, de crises démographiques, ainsi qu'à l'accentuation des phénomènes génétiques ainsi engendrés.

C'est en 1856 que deux ouvriers carriers découvrent, dans une grotte de la vallée du Neander, près de Düsseldorf, un crâne et des ossements qui révolutionnent la paléontologie humaine. Car ces restes prouvent la validité de la théorie de l'évolution. Mais cette mise au jour provoque de curieuses analyses : certains scientifiques de l'époque affirment qu'il s'agit du crâne d'un idiot, d'un malade ou même d'un déserteur cosaque des guerres napoléoniennes !

Fort heureusement, d'autres squelettes de même nature sont identifiés, notamment dans la grotte

PAGE DE GAUCHE ET PAGE SUIVANTE
Neandertal : un *Homo erectus* piégé en Europe, qui s'est trouvé contraint de s'adapter d'une façon particulière aux nouvelles conditions climatiques.

A la recherche d'une origine

Selon certains paléoanthropologues, les Hommes de Neandertal seraient les descendants des populations d'*Homo habilis* ou, plus tardivement, des *Homo erectus* arrivés en Europe avant 1 million d'années. À partir de 500 000 ans, les fossiles présentent les caractères d'un processus de « néandertalisation », notamment de la région nasale et infra-orbitaire. Ces traits sont particulièrement prononcés chez *Homo heidelbergensis* ou pré-Neandertal et, surtout, chez l'Homme de Tautavel. Découvert en 1971 dans les Pyrénées-Orientales par Henry de Lumley et âgé de 450 000 ans, l'Homme de Tautavel évoque, en effet, par ses traits les Néandertaliens. Les chercheurs les regroupent sous l'appellation de pré-Néandertaliens. Les caractères de l'arrière du crâne sont plus marqués encore entre 400 000 et 250 000 ans, avec les fossiles découverts à Swanscombe (Grande-Bretagne) et à Steinheim (Allemagne). Ce n' est qu'à partir de 200 000 ans que les Néandertaliens, à quelques exceptions près, acquièrent les traits de Néandertaliens dits « classiques ».

de la Chapelle-aux-Saints, durant l'été 1908. Le doute n'est plus permis. L'Homme de Neandertal existe bien. De plus, il occupe une place à part, mais essentielle, dans l'évolution du genre *Homo*, dans la mesure où il illustre parfaitement l'adaptation particulière à des conditions environnementales spécifiques. Il s'établit dans toute l'Europe durant presque 500 000 ans, avant d'être supplanté par d'autres Humains.

UN ÉTRANGE FACIÈS

Longtemps considéré comme une brute primitive, *Homo neandertalensis* est bien différent de l'Homme moderne. Si son cerveau étonne par sa modernité, son visage dérange.

Le crâne des Néandertaliens dits « classiques » est très caractéristique. Il présente en effet une mosaïque de particularités anciennes et nouvelles, qui n'ont pas d'équivalent dans l'Ancien Monde. Ce type d'*Homo* développe ainsi ses réponses à la modification des conditions climatiques.

Des attributs demeurent archaïques. Le front, fuyant, est pourvu d'un gros bourrelet sus-orbitaire, qui s'avance au-dessus de la face. La mandibule est dépourvue de menton et de forme fuyante également. Les incisives et les canines restent puissantes, suggérant qu'il s'en sert comme étau pour des activités autres qu'alimentaires.

D'autres caractères rapprochent le Néandertalien de l'Homme moderne, notamment son

cerveau de grande taille, dont le volume un peu plus important que le nôtre (1 600 cm^3 au lieu de 1 350 cm^3 en moyenne). Le développement extraordinaire de l'encéphale est un indicateur précieux de l'adaptation à des climats rigoureux, bien que ces derniers n'aient que de lointains rapports avec les sévères conditions des zones

Une humanité différente

Plusieurs théories s'affrontent. Lorsque l'on a découvert le premier Homme de Neandertal, les scientifiques ont pensé (un peu trop) rapidement avoir affaire à un ancêtre de l'Homme moderne, archaïque, frustre et forcément bien moins intelligent. Mais les différentes études menées ces dernières décennies ont clairement montré que les Néandertaliens et les Hommes modernes ne se sont pas succédé dans le temps. Ils constituent en fait deux populations distinctes et contemporaines, vivant dans des zones géographiques différentes. Grâce aux nombreuses découvertes, faites de la Bretagne à l'Iran, les Néandertaliens sont les Hommes préhistoriques les mieux connus des scientifiques. Cette pléthore de fossiles (plus de 200 spécimens, adultes et enfants) a permis d'étudier la morphologie des Néandertaliens, très différente de la nôtre. De même, des examens très poussés, notamment au microscope électronique, ont livré des informations très importantes sur leur régime alimentaire, leur mode de vie. Enfin, des fragments d'ADN fossile, retirés du spécimen découvert en 1856, ont débouché sur une conclusion capitale : *Homo neandertalensis* est bien différent d'*Homo sapiens*.

arctiques actuelles. Pourtant, l'examen de l'intérieur de la boîte crânienne, aux parois osseuses très épaisses, montre une masse cervicale moins bien irriguée que celle des premiers *Homo sapiens* qui se développent de l'autre côté de la barrière glaciaire, au Proche-Orient notamment.

Enfin, certaines spécificités qui le distinguent des autres représentants du genre *Homo* sont propres au Néandertalien. Le crâne est allongé, avec un renflement occipital (à l'arrière) qui forme un chignon osseux. La face est très longue, avec de hautes orbites arrondies et une vaste cavité nasale. Les pommettes ont complètement disparu, un plan oblique et régulier s'étend des bords du nez à l'arcade zygomatique. Le nez lui-même est gros et proéminent.

PAGE DE GAUCHE
Un visage boursouflé, un nez proéminent, une « visière » au niveau des sourcils, un crâne très volumineux, les Hommes de Neandertal étaient considérés au début du siècle dernier comme des brutes sous-développées.

CI-DESSUS ET PAGE DE DROITE Les Hommes de Neandertal avaient des capacités cérébrales comparables, voire supérieures, à celles des *Homo sapiens*, dont ils étaient les contemporains.

Reconstitué par des spécialistes, le visage des Néandertaliens peut ainsi apparaître comme boursouflé, avec notamment un cuir chevelu tiré vers l'arrière grâce à des muscles implantés à la partie arrière du crâne. D'où les premières descriptions faisant état d'une brute sans intelligence, qui ont perduré jusqu'à notre époque. Des films, comme *La Guerre du feu*, de Jean-Jacques Annaud, les dépeignent ainsi, avec leurs fourrures, leur masse de bois et leur faciès pour le moins tourmenté.

Ces caractères typiques des Hommes de Neandertal montrent qu'ils ne doivent pas être considérés comme des formes primitives de l'Homme moderne, mais bien comme une branche distincte de l'arbre évolutif des Hominidés, une évolution parallèle à la nôtre, mais séparée.

LA BOÎTE À OUTILS STANDARD

Après plus d'1,5 million d'années de lente évolution, l'outillage de pierre atteint le stade de la standardisation. Neandertal, son inventeur, le perfectionne, en montrant également un certain attrait pour la notion abstraite de beauté.

L'évolution de leur morphologie ne représente qu'une facette des possibilités des Néandertaliens. Car, parallèlement, se développe une culture originale, fondée sur l'amélioration des outils en pierre issus de leurs ancêtres. Améliorant la culture acheuléenne précédente, *Homo neandertalensis* est le coauteur, avec *Homo sapiens*, de la civilisation moustérienne. La tendance très forte de cette période est figurée par l'amincissement des outils, ainsi que par la retouche des éclats.

Mais la véritable révolution technologique de cette culture réside dans la préparation du bloc de silex originel, en vue d'obtenir un éclat de forme précise et prédéterminée.

Fabriquer cet outillage demande des facultés mentales qui se sont développées depuis les Australopithèques. Il faut penser en effet à la forme de l'outil voulu, donc à sa finalité, avant de le fabriquer et, partant, planifier les étapes du débitage. Certains tailleurs de pierres parcourront même plusieurs dizaines de kilomètres afin de se procurer des silex de bonne qualité. Cette époque du Paléolithique inférieur et moyen, à partir de 700 000 ans, offre un éventail de productions montrant que l'intelligence des Néandertaliens était assez aiguë pour concevoir d'autres techniques de taille, d'autres fonctionnalités aussi. Ou, du moins, leur amélioration.

Dans ce type de taille, les acquis culturels sont mis en évidence par la présence d'outils stéréotypés, donc partagés par la grande masse des groupes de Néandertaliens. Grattoirs et racloirs hérités de leurs ancêtres sont rejoints par des créations comme les pointes, les encoches et les outils denticulés. La civilisation lithique du Moustérien – du nom de la grotte du Moustier, en Dordogne, où les premiers exemples de ces réali-

La technique Levallois

Vers 300 000 ans avant notre ère apparaît une nouvelle technique, décrite pour la première fois à Levallois, dans la région parisienne. Présente d'abord en Afrique, elle n'apparaît en Europe que plus tardivement et perdure jusqu'à l'arrivée des premiers *Homo sapiens*, il y a environ 40 000 ans. Au lieu de pratiquer comme ses prédécesseurs des enlèvements successifs sur un bloc de silex, le Néandertalien opère tout un travail de préparation du nucléus, bloc de silex brut. À l'aide d'un percuteur tendre, en bois animal ou végétal, il enlève des éclats afin d'obtenir un plan de frappe. Avec un seul dernier coup, il enlève ensuite un grand éclat, mince, que l'on appelle « éclat Levallois ». Le grand éclat, avant de devenir un outil, ne nécessite que quelques retouches, différentes suivant l'usage prévu. Les outils peuvent ainsi servir à gratter des peaux, découper de la viande, tailler des armes en bois ou à bien d'autres usages encore.

CI-DESSUS
Avec Neandertal, les grattoirs et racloirs hérités des ancêtres sont rejoints par des créations comme les pointes, les encoches et les outils denticulés.

Les Hommes de Neandertal disposent d'un outillage très diversifié, avec un type d'outil pour chaque usage. Cette industrie, dite « moustérienne », est élaborée de la même façon dans toute l'Europe.

sations ont été découverts – montre ainsi une grande diversité dans les formes, qui se côtoient durant des dizaines de milliers d'années sans que l'on puisse pour autant parler d'hybridation.

Le facteur culturel entre en jeu à ces époques, diverses régions ayant développé leurs propres solutions techniques et technologiques à partir d'un même matériau de base, qui est très souvent le silex. Concernant la transmission de ce savoir quasi industriel, Jean Piveteau écrit, dans *Origine et destinée de l'homme*, en 1983 : « Les techniques de fabrication des industries moustériennes étaient trop complexes pour se transmettre par simple imitation : il dut y avoir enseignement et par conséquent langage. »

UN HERCULE DANS LA STEPPE

Neandertal s'est adapté aux rigueurs des toundras et des steppes qui constituent son paysage. Sa forte morphologie l'aide à affronter un climat implacable.

Un squelette massif, une musculature impressionnante : telle est la réponse morphologique des Néandertaliens à la rigueur du climat qu'ils affrontent. Un physique plus « compact », plus râblé, leur permet de résister à des

CI-CONTRE ET PAGE SUIVANTE La chasse permet aux Néandertaliens de se nourrir et de se vêtir. Ils diversifient aussi leur alimentation en pêchant parfois des poissons ou en ramassant de petits coquillages.

La caverne de l'Homme de Neandertal

Quasiment tous les sites ayant révélé la trace du passage des Hommes de Neandertal sont des cavernes, ou au moins des abris sous roches. Les cavernes devaient être choisies judicieusement, en fonction de l'exposition au soleil (une exposition au sud ou à l'ouest est préférable à une exposition plein nord, par exemple), en fonction des vents dominants (la caverne reste avant tout un abri), et parfois en fonction de la situation. Il est en effet préférable de choisir un emplacement sur les hauteurs, avec une vue sur la vallée, le gibier et les ennemis potentiels. Mais peu de sites rassemblent tous ces critères, de même que peu de grottes offrent naturellement une telle situation.
Les cavernes qu'ont habitées les Néandertaliens présentent une organisation efficace de l'espace disponible. On retrouve les délimitations des espaces réservés à la taille des outils, d'autres pour les foyers (traces de feu, de boucheries, etc.). Les cavernes préfigurent les habitations modernes.

températures oscillant entre le frais et le froid. Après une longue évolution, la dérive génétique due au confinement en Europe aboutit à des Hommes de Neandertal à la constitution robuste.

Certaines insertions musculaires trahissent cette musculature puissante, comme au niveau de l'épaule, par exemple. Leurs proportions corporelles favorisent, semble-t-il, une résistance accrue aux climats plus ou moins froids, qu'ils ont traversés à de nombreuses reprises. Ils sont trapus, de taille comparable à celle de l'homme moderne (1,70 m), la cage thoracique large, alors que les bras et les jambes sont relativement courts. Certains spécimens accuseraient même une bonne centaine de kilogrammes sur une balance moderne !

On peut retrouver cette adaptation chez les Inuits du Groenland, par exemple, quoique avec une stature quelque peu différente, ainsi que chez tous les mammifères des régions froides.

C'est une application de la loi de Bergman, qui peut s'énoncer ainsi : « Dans une même espèce, la taille corporelle d'un animal croît en fonction de la latitude, c'est-à-dire que plus la température est basse, plus le corps est massif. » Les populations africaines, notamment dans les zones désertiques ou semi-désertiques, présentent au contraire un corps très longiligne, adapté aux grandes chaleurs, ceci afin de lutter contre l'évaporation.

Les paléoanthropologues supposent également qu'ils se couvraient des peaux d'animaux qu'ils chassaient aussi pour se nourrir. Ils n'avaient pas encore inventé l'aiguille à coudre, et l'on peut imaginer qu'ils se paraient de ces trophées, peut-être noués par un lien à la taille. Dans une bonne partie des sites ayant révélé des traces d'occupation par des Néandertaliens, des pattes d'animaux, portant des traces de découpe caractéristiques d'un dépeçage, ont été identifiées. De plus, certains outils de pierre taillée, comme des grattoirs ou des racloirs, montrent sous le microscope électronique des traces évidentes de raclage de peaux. Ce sont les ancêtres des fourreurs actuels…

Il est donc maintenant possible de brosser un portrait complet de cet être d'exception – à tous les sens du terme –, ce pur produit de l'Europe. C'est un homme très robuste, dont l'aire de dispersion varie au gré des cycles glaciaires ou interglaciaires. À cet égard, les restes rassemblés depuis des décennies montrent que les populations de Néandertaliens se sont regroupées vers le sud de l'Europe à mesure de l'avancée des glaciers, les groupes devenant alors moins nombreux. Le Néandertalien améliore encore son outillage lithique et met en place d'autres rapports sociaux. Il est Homme, il est unique.

CI-CONTRE
Adaptés aux différents climats rigoureux qui régnaient en Europe entre 150 000 et 30 000 ans, les Néandertaliens étaient très robustes, avec une musculature puissante.

DOUBLE PAGE SUIVANTE
Très curieux, grands chasseurs, dotés d'une technologie lithique avancée et d'un langage élaboré, les Hommes de Néandertal ont régné sur l'Europe pendant des millénaires.

Neandertal est devenu
une force de la nature.
Il a aussi appris à se protéger
en couvrant son corps de peaux
et de fourrures,
les premiers vêtements.
De tous nos ancêtres,
Neandertal est le plus endurant,
le plus puissant.

L’AU-DELÀ
DE LA VIE

Quand un homme part dans l’autre monde, il faut l’accompagner pour l’aider à trouver son chemin. *Homo neandertalensis* enterre ses morts, avec un bagage pour le grand voyage vers des contrées inconnues.

L'intelligence n'est pas que matérielle et productiviste. Elle se consacre aussi à explorer des mondes autres que ceux qui relèvent de la sphère physique. En enterrant certains de ses morts, en les parant, en les pourvoyant de nourritures, Neandertal effectue un grand pas vers la pensée symbolique. C'est sa conscience du moi, de l'existence des autres et de sa relation avec eux qui lui ouvre les portes de l'éternité. Les prémices de la pensée religieuse émergent ainsi des cerveaux néandertaliens.

Car le grand bond en avant de cet Homme qui se cogne aux frontières glacées de son monde se situe au niveau de la conscience. Les Hommes de Neandertal sont en effet les premiers Humains à se soucier de l'au-delà puisqu'ils enterrent certains de leurs morts avec des rites funéraires, et très souvent dans la même position repliée, dite position fœtale. Ils creusent des sépultures, trous dans le sol parfois recouverts de plaques de pierre qui ont permis la conservation de la majorité des squelettes retrouvés. Les plus anciennes, datées de 95 000 ans, sont au Proche-Orient. C'est certainement grâce à ces sépultures que les Néandertaliens sont devenus les Hommes préhistoriques les mieux connus, non seulement des scientifiques, mais également du grand public.

Le cas typique est celui de la Chapelle-aux-Saints, en Corrèze. Un vieillard de l'époque, c'est-à-dire dépassant tout juste quarante ans, est retrouvé, intentionnellement enseveli dans une fosse : il est recroquevillé et repose sur le côté. À ses côtés, un pied de bison et un massacre de renne. De même, à Shanidar, dans le Kurdistan irakien, un enfant dans une tombe est environné de fleurs des champs, sa sépulture étant recouverte d'un tumulus de pierres. À la Ferrassie, il y

PAGE DE GAUCHE
Conscients de la vie qui passe, les Hommes de Neandertal enterrent leurs défunts et se livrent à des rituels funéraires. Sans doute peut-on y voir l'émergence d'une pensée religieuse.

Les rites funéraires

Les Hommes de Neandertal attachent un soin particulier à certains de leurs proches décédés.

L'étude des nombreuses sépultures découvertes montre que des rites funéraires étaient très probablement organisés avant l'inhumation. Pour preuves, des dépôts d'ocre sur tout le corps, donnant une certaine coloration aux squelettes, et des offrandes comme des outils taillés, des massacres (haut du crâne avec les bois ou les cornes) de bovidés ou de cervidés et, parfois, des pattes d'herbivores, peut-être des restes des peaux qui pouvaient recouvrir le corps.

Certains chercheurs ont avancé aussi l'idée que les Néandertaliens aient pu pratiquer l'anthropophagie, ou cannibalisme, de manière rituelle, comme cela se passait encore il y a quelque temps en Amérique du Sud par exemple. Des stries de découpe ont été mises en évidence sur certains os longs néandertaliens ; elles ont sans doute été réalisées pour manger les muscles ou les organes du valeureux défunt.

a 70 000 ans, une grande dalle a été posée sur une fosse mortuaire.

Ainsi, pour la première fois, l'Homme s'interroge sur sa place dans l'histoire de l'Univers et de la vie. Il ne veut pas disparaître moralement, même s'il commence à comprendre, sinon à accepter, que son corps est éminemment périssable. Il veut donc poursuivre sa route au-delà de la mort. C'est pour ces raisons qu'il enterre parfois ses défunts, qu'il les dote d'accessoires pour franchir ce cap mystérieux et débuter une nouvelle vie « ailleurs ». Ce comportement implique aussi les notions de deuil, de conscience de la séparation définitive.

C'est la naissance de l'angoisse métaphysique. Étape capitale s'il en est, car l'Homme se pose ainsi la question de la signification de son existence. Si la mort survient, c'est qu'elle contient également un sens. La logique veut donc que ces deux états – la vie, la mort – s'appuient l'un sur

PAGE DE DROITE
Sensible à la magie de ces signes, l'Homme de Neandertal appose ses mains sur ce dessin laissé par des *Homo sapiens* (voir p. 197). Peut-être se sent-il proche de ces êtres qui lui ressemblent tant...

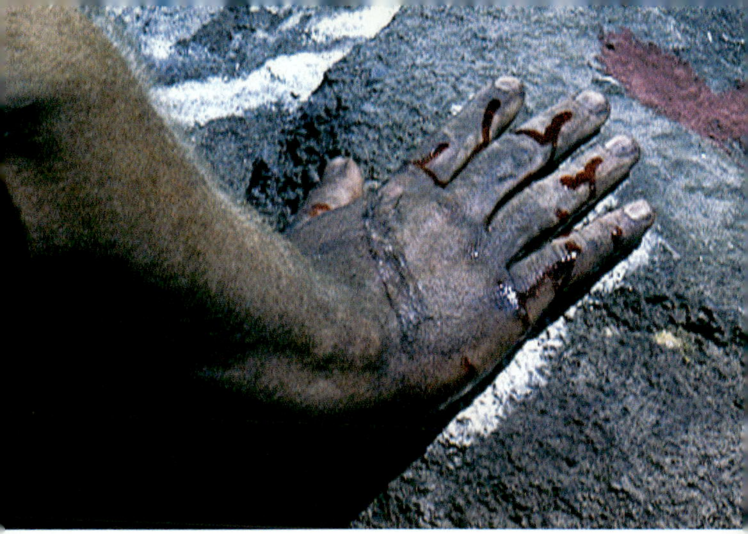

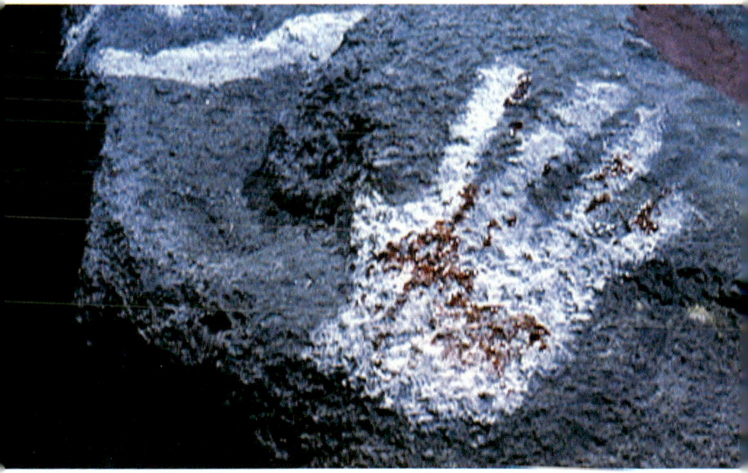

l'autre pour donner une dimension spirituelle au passage sur cette Terre. Neandertal est très loin d'être une brute. C'est un être sensible, pour qui la notion même de temps prend véritablement corps. Et âme.

L'EXTINCTION D'UNE ESPÈCE

Le dernier Néandertalien s'est éteint il y a 25 000 ans environ, sans doute dans une région isolée de la péninsule Ibérique. Sa fin a été biologiquement naturelle.

Les théories au sujet de la disparition des Néandertaliens sont multiples. Ont-ils été décimés par des maladies, peut-être apportées par *sapiens* ? Ont-ils vu leur gibier de prédilection disparaître ? Ont-ils été victimes d'une baisse graduelle de leur natalité ? Nous ne connaîtrons sans doute pas aisément la vérité sur ce qui s'est passé réellement, mais l'hypothèse la plus probable – du moins dans l'état actuel de nos connaissances – fait intervenir une nouvelle fois... le climat.

PAGE DE DROITE Neandertal rencontre l'*Homo sapiens*. Ces deux espèces d'Humains entrent alors en compétition pour le partage du territoire et des ressources naturelles. L'une des deux s'éteindra.

Même si *Homo neandertalensis* peut paraître bien adapté à des climats frais ou froids par sa morphologie si particulière, sa faible capacité à répondre à des changements climatiques par des moyens uniquement technologiques l'oblige à trouver refuge dans des zones géographiques plus restreintes, essentielle-

ment en Europe méditerranéenne : en Espagne, en Croatie, dans le Caucase. Quelques groupes de Néandertaliens tardifs sont également implantés dans divers sites au sud du Proche-Orient, comme à Kebara ou à Dederiyeh, entre 80 000 et 40 000 ans.

Lorsque les *Homo sapiens* arrivent en Europe, les deux espèces entrent en compétition pour l'occupation du territoire et l'exploitation des ressources naturelles. La moindre capacité des Néandertaliens à répondre à cette situation par des innovations, notamment techniques, va entraîner leur disparition, progressive mais inéluctable.

CI-DESSOUS Dure est la loi de la nature. Sur un même territoire ne peuvent régner deux espèces trop semblables. Les Néandertaliens céderont donc leur place aux nouveaux arrivants, les *Homo sapiens*.

Une grotte portugaise avait livré, il y a quelques années, le squelette d'un garçonnet présentant curieusement des caractères à la fois néandertalien et *sapiens*. Un paléoanthropologue américain était venu l'examiner et avait conclu, fort péremptoirement et très rapidement, que cet enfant prouvait l'interfécondité des deux espèces. Autrement dit, le gamin aurait été un hybride ! Mais cette argumentation, qui ouvrit le débat sur les relations entre les deux groupes, a vite été battue en brèche. En effet, comment peut-on conclure ainsi en présence d'un être si jeune, dont les caractères d'adulte sont bien loin d'être fixés ? Là aussi, la légende rejoint la recherche et, pour l'instant, aucune preuve d'hybridation entre les deux populations n'a pu être mise en évidence.

Pourtant, il y a bien eu cohabitation. La sépulture de Saint-Césaire, en Charente-Maritime, renferme un squelette indubitablement néandertalien, associé à des outils de pierre de facture résolument tournée vers le Paléolithique. Ces vestiges prouvent des inventions ou des échanges culturels qui se sont déroulés sur des milliers d'années, à mesure du remplacement de *neandertalensis* par *sapiens*. Le peuple néandertalien a décliné selon les lois qui gouvernent l'évolution de toutes les espèces. Parce qu'il était trop spécialisé dans son mode de vie, moins doué d'adaptation que *sapiens*, qui, lui, est plus souple, plus généraliste. Et donc promis à un grand avenir.

HOMO SAPIENS

NOS SEMBLABLES

Qu'il soit d'origine africaine ou moyen-orientale, le nouvel *Homo* annonce, par sa technologie et sa spiritualité, l'émergence d'une espèce, *Sapiens*, qui va asseoir sa domination sur la planète.

LA PLANÈTE POUR TERRITOIRE

Entre 100 000 ans et 30 000 ans, *Homo sapiens* migre partout sur la planète. Il marche jusqu'en Australie et, par le détroit de Behring, jusqu'en Amérique.

Aux environs de 40 000 ans, un nouvel Homme se présente à l'orée de l'Europe, avant de coloniser rapidement le reste du monde.
Les origines d'*Homo sapiens* sont encore assez floues, au moins jusqu'à 100 000 ans avant notre ère.
On sait qu'à cette époque existaient déjà de tels Hommes au Proche-Orient. Ils ont donc dû probablement arriver dans l'ouest de l'Eurasie en partant de cette région. Mais il est pour l'instant impossible de localiser les origines des *sapiens* bien avant leur arrivée dans cette zone stratégique sise entre l'Europe, l'Afrique et l'Asie.

Deux théories principales s'affrontent à ce propos : l'hypothèse de l'arche de Noé (point de départ unique) et la conjecture du candélabre (plusieurs points de départ).

Pour les partisans de la première, l'origine des Hommes modernes est unique et, donc, africaine.

À partir du grand continent originel, ils colonisent progressivement tout l'Ancien Monde en passant par le Proche-Orient. Ils se dirigent alors vers l'Europe, d'une part, et vers l'Asie, d'autre part, en remplaçant lentement mais inexorablement les populations plus archaïques qui occupent ces contrées, comme les Néandertaliens d'Europe occidentale.

CI-DESSOUS ET PAGE DE DROITE Aidés par leurs grandes capacités de marcheur, leur organisation sociale très développée et leur curiosité, les *Homo sapiens* colonisent rapidement toute la planète.

La seconde théorie, dite également « multirégionale », fait surgir les Hommes modernes en tant que conséquences directes de l'évolution, en plusieurs régions de l'Ancien Monde (Afrique, Asie, Proche-Orient). Ils sont issus de populations plus archaïques, dérivant elles-mêmes d'*Homo erectus*. Cette hypothèse s'appuie sur les découvertes des fossiles montrant une certaine continuité, jusqu'aux Hommes modernes d'ailleurs, dans les régions concernées.

Cependant, à ce jour, ces faits sont loin d'être reconstitués. D'autant plus que, depuis les années 1930, de multiples découvertes d'ossements – en Afrique du Nord et de l'Est, en Namibie et en Afrique du Sud, ainsi qu'en Israël notamment – n'ont cessé de raviver les controverses sur l'origine de ces *sapiens* archaïques, acteurs de l'hypothétique seconde grande vague d'émigration dans l'Ancien Monde.

En 1997, le paléoanthropologue américain Tim White et ses collègues éthiopiens mettent au jour,

Cro-Magnon, l'homme universel

Les *Homo sapiens* sont très souvent désignés sous le nom d'Hommes de Cro-Magnon. Cette appellation est en principe destinée aux *sapiens* européens. Pourtant, l'utilisation de cette qualification s'est étendue à tous les hommes du Paléolithique supérieur. C'est en 1868, aux Eyzies-de-Tayac, en Dordogne, dans un abri sous roche appartenant à un certain M. Magnon, qu'est découvert l'un des plus célèbres *Homo sapiens* fossiles d'Europe. En dialecte local, « cro » signifie « abri », Cro-Magnon pouvant ainsi se traduire par « l'abri à Magnon ». Les méthodes de fouilles de l'époque étaient beaucoup plus rudimentaires et beaucoup moins précises. Les paléoanthropologues ne disposent pas, malheureusement, des données qui auraient pu déboucher sur une identification des populations ou, du moins, sur une datation de leurs restes. Des vestiges qui, d'ailleurs, sont souvent si ténus (deux dents pour la période de l'Uluzzien) qu'il est quasiment impossible d'en retirer la moindre conclusion quant à leurs « propriétaires ».

dans la moyenne vallée de l'Awash, des centaines de fragments d'os d'Hominidés. Remontés, ils constituent trois crânes – dont celui d'un enfant ou d'un adolescent – qui sont datés de 160 000 ans, c'est-à-dire largement contemporains des Néandertaliens. Leurs traits, se rapprochant de ceux des *sapiens* modernes, apportent du poids à l'hypothèse africaine. Mais d'autres chercheurs, comme Marie-Antoinette de Lumley, s'interrogent ouvertement sur les modalités du remplacement de peuples archaïques par des hommes « véritables » venus d'Afrique dans une deuxième vague.

Il est donc encore trop tôt pour conclure définitivement à la prééminence d'une explication sur une autre. Toujours est-il que, en moins de 100 000 ans, *Homo sapiens* essaime dans l'ensemble de l'Ancien Monde et se lance à l'assaut de l'Amérique via le détroit de Behring. Quels que soient le climat, l'environnement ou les conditions de vie, il est présent partout.

L'AVANCÉE TECHNOLOGIQUE

Ils utilisent des armes étranges. Ils savent aussi prendre du poisson, qu'ils font sécher comme de la viande. Ils ont des lances très fines et pointues. Au bout de leurs doigts, de petites griffes en os leur permettent de piquer fourrures et peaux.

Le Paléolithique supérieur, à partir de 40 000 ans, ouvre une période dominée par l'innovation, technique ou culturelle. Au cours de cette période, les *Homo sapiens* utilisent de nouvelles matières premières, tels les bois de rennes ou de cervidés, les ossements en tout genre. Avec ces nouveaux matériaux, les formes et les utilisations se diversifient. On voit apparaître le harpon, plus efficace pour pêcher, les aiguilles à chas, pour les débuts de la confection sur mesure de vêtements, de parures, de colliers ou de bracelets. Les armes de jet deviennent également plus efficaces, d'autant plus que, avec l'invention du propulseur, au Magdalénien (à partir de 13 000 ans), le gibier

Les débuts du commerce international

La population humaine, il y a quelques dizaines de millénaires, est très clairsemée. Les groupes de chasseurs-cueilleurs ne se rencontrent donc que rarement. Mais on peut imaginer que chaque rassemblement donne lieu à de riches échanges, culturels ou technologiques. Les prémices de ce commerce international sont d'ailleurs identifiées quasiment dans tous les sites du Paléolithique supérieur. Des blocs de matières premières aux bijoux en passant par des armes, chaque site révèle son lot de surprises. Ce petit quelque chose qui se trouve là où on l'attendait le moins, comme ces blocs de silex, provenant de carrières situées parfois à plusieurs centaines de kilomètres, ou cet ambre collecté dans des lieux d'habitation très éloignés des gisements de cette matière magique et si ancienne.
Les Hommes modernes voyagent, se tiennent au courant de l'évolution des technologies, échangent leurs outils et leurs idées. Exactement comme nous le faisons encore aujourd'hui.

dangereux peut être tué en faisant prendre moins de risques aux groupes de chasseurs. Ces derniers développent alors de nouvelles techniques de traque. La pêche complète le menu traditionnel, fournissant ainsi une plus grande diversité dans l'apport de protéines.

Les industries sur silex se perfectionnent aussi. Au Solutréen (de 27 000 à 13 000 ans), la taille atteint quasiment des sommets de perfection, avec les grandes « feuilles de laurier », épaisses de quelques millimètres seulement, démontrant un art très consommé de l'utilisation des pierres.

Par ailleurs, les modes de vie se diversifient également. Les *Homo sapiens* s'installent dans toutes sortes d'habitats : des grottes, qu'ils préfèrent, ou des tentes et huttes qu'ils aménagent dans les sites de plein air. Comme le révèlent, par exemple, les trous de poteaux rencontrés sur le site de Pincevent, découvert en 1964 en Seine-et-Marne et daté de 8 000 ans.

PAGE CI-CONTRE
Les *Homo sapiens* font un bond technologique considérable. Ils inventent une multitude d'ustensiles, en bois, en os, et excellent dans la fabrication d'outils en pierres taillées.

CI-CONTRE ET PAGE DE DROITE L'invention de l'outillage sur os (culture ostéodontokératique), et en particulier l'invention de l'aiguille à chas, a permis l'amélioration des conditions de vie : les vêtements et les tentes cousus sont plus élaborés et plus efficaces pour lutter contre le froid. Les *Homo sapiens* acquièrent aussi de nouvelles techniques pour conserver la nourriture, comme le fumage et le séchage.

Pour construire ces abris de plein air, ils utilisent les ressources disponibles de leur environnement. Dans des contrés froides comme en Ukraine, les abris sont construits à l'aide d'os de mammouths recouverts de peaux, tandis qu'à Pincevent c'est le renne chassé sur place qui fournit l'essentiel des ressources (alimentaires, vestimentaires, construction, etc.).

L'usage du feu est à présent très bien maîtrisé. Les *Homo sapiens* savent contrôler la température du foyer selon leurs besoins. Pour éclairer, chauffer ou cuire, différents combustibles sont alors utilisés : bois, ossements, tourbe… Le site de Pincevent montre ainsi un alignement de trois foyers, bordés de déchets (os de rennes, détritus de fabrication d'outillage lithique…). Huit autres campements ont été découverts dans les environs, prouvant par là même que le site était apprécié à cette époque pour ses ressources.

Les Hommes modernes sont alors répartis en petits groupes, nomades ou semi-nomades. Leurs pérégrinations souvent saisonnières les amènent à suivre les troupeaux dont ils sont les prédateurs ou à regagner des abris rocheux leur permettant de passer au mieux la mauvaise saison.

Les *Homo sapiens* utilisent toutes
les ressources disponibles,
toutes les matières offertes par la nature,
aussi bien pour leur nourriture et leurs vêtements
que pour les abris, les outils ou les armes.

UNE TÊTE
BIEN FAITE

Avec leur morphologie si gracile, les « Hommes anatomiquement modernes » se distinguent très fortement de leurs cousins néandertaliens. Ce sont les plus élancés de tous les *Homo* ayant existé.

À leur arrivée en Europe, vers 40 000 ans, les « Hommes anatomiquement modernes », comme disent les Anglo-Saxons, sont bien différents des autochtones néandertaliens.

CI-CONTRE Avec un cerveau aux circonvolutions devenues très complexes, les *Homo sapiens*, les « Hommes savants », s'ouvrent désormais sur le monde, cherchent à comprendre ce qui les entoure.

Les *Homo* immigrés présentent d'abord un crâne très original. Sa forme générale est arrondie, avec une vaste cavité cérébrale (environ 1 450 cm^3, mais pouvant aller jusqu'à 2 000 cm^3). La voûte est élevée et élargie dans sa partie supérieure. Le système masticateur (la mâchoire inférieure ou mandibule) est réduit et placé totalement, ou presque, sous la boîte crânienne. De plus, on note pour la première fois la présence d'un menton.

D'une manière générale, les os du crâne sont plus minces, plus fins, tandis que les reliefs qu'il porte sont beaucoup moins développés. Par exemple, la saillie continue surplombant les yeux – ou *torus* sus-orbitaire – des ancêtres s'est largement affinée, même si certaines têtes de cette époque (et de la nôtre d'ailleurs) conservent des traces de ce bourrelet d'une manière plus ou moins affirmée.

Notons que ces caractéristiques crâniennes évoluent assez rapidement entre les *Homo sapiens* archaïques et les *sapiens* actuels. Il ne faut en effet que moins de 100 000 ans pour passer d'une forme

Le secours de l'ADN

Grâce aux progrès de la biologie moléculaire, il est devenu possible d'extraire et d'amplifier les éventuelles molécules d'ADN contenues dans les restes fossiles. Cependant, elles demeurent rares, dans la mesure où toute matière organique disparaît rapidement après la mort. C'est pourquoi la peau séchée des individus momifiés ou emprisonnés pendant des siècles par la glace est un bon moyen de trouver de l'ADN en plus ou moins bon état. Mais ces situations restent exceptionnelles pour des périodes aussi anciennes.
En 1997, une équipe de l'université de Munich réussit pour la première fois à extraire et à étudier de l'ADN d'un individu néandertalien âgé d'au moins 30 000 ans. Depuis, d'autres individus ont pu livrer quelques molécules d'ADN, permettant ainsi d'essayer de mieux cerner la variabilité de cette espèce. Certes, ces fragments d'ADN sont très petits : environ 350 nucléotides, alors que le génome humain actuel en comprend entre 3 et 3,5 milliards. Mais les différences observées sur ces fragments sont, semble-t-il, assez importantes pour faire des Néandertaliens une espèce distincte des Hommes modernes.

CI-DESSUS
Les premiers *Homo sapiens* européens, les Cro-Magnons, sont nos grands-parents. Ils nous ressemblent morphologiquement et culturellement en de très nombreux points. Nous sommes d'ailleurs nous aussi des *Homo sapiens*.

à l'autre. On remarque également une forte « gracilisation » du squelette des *Homo sapiens*, notamment au niveau des jambes, proportionnellement plus longues et moins arquées. Les pieds sont posés bien à plat sur le sol, permettant une marche plus efficace. De même, les bras sont aussi proportionnellement plus longs. Une morphologie plus gracile autorise un meilleur équilibre, puisque le centre de gravité du corps se rapproche très sensiblement de l'axe de la colonne vertébrale.

LE CHOC
DES CULTURES

Avant de disparaître, Neandertal a rencontré *sapiens*. Il a sans doute été fasciné par son apparence. Ses parures, ses bijoux, la forme de ses outils et de ses armes attisent aussi sa curiosité.

La civilisation néandertalienne vit ses derniers millénaires lorsque les premiers groupes d'*Homo sapiens* archaïques « débarquent » en Europe. Sur une aire somme toute réduite, les deux espèces coexistent sans qu'aucune preuve de cohabitation n'ait encore été mise au jour. Mais leurs déplacements ont certainement permis des rencontres, ainsi que des échanges.

La période du Châtelperronien (de 37 000 à 30 000 ans) tire son nom de la commune de Châtelperron, dans l'Allier, où elle a été identifiée pour la première fois en 1906 par l'abbé Breuil. Cette époque, dite de transition, permet de mieux comprendre les phénomènes de mélange des cultures qui ont accompagné le remplacement, en Europe occidentale, des popu-

CI-CONTRE ET PAGE DE GAUCHE La communication entre les Néandertaliens et les *Homo sapiens* n'a pas dû être facile. Même si ces deux Humanités ont pu échanger quelques idées ou pratiques, les différences de langage et de culture devaient rendre difficile la compréhension mutuelle.

lations néandertaliennes par les Hommes anatomiquement modernes. Elle comporte des outils caractéristiques (grattoirs, burins, lames à dos, poinçons, pointes de sagaie biconiques…), accompagnés d'objets dérivés du Moustérien. L'usage d'un percuteur tendre, en os notamment, a été attesté sur plusieurs sites. L'une des fabrications les plus évoluées débouche sur un petit couteau en silex, dont la lame, à dos courbe, est abattue par petites touches.

Les Néandertaliens sont probablement les auteurs de cette industrie, de même que les Hommes modernes sont les auteurs de l'industrie contemporaine de l'Aurignacien (de 38 000 à 26 000 ans). Même si certains doutes peuvent

Musique ancestrale

Les premiers instruments de musique connus, des flûtes faites d'os percés de trous régulièrement espacés, remontent à 45 000 ans, voire 60 000 ans en Europe centrale, et peuvent être attribués aux Hommes de Neandertal. Bien d'autres instruments ont aussi été retrouvés, appartenant, eux, aux *Homo sapiens*. L'arc musical ainsi que de gros os et de gros crânes servant de percussions (avec des marques de frappes) étaient connus. Des scientifiques ont même découvert, en Ukraine, un véritable orchestre, composé d'instruments à vent, à cordes et à percussion ! En revanche, il est quasiment, sinon totalement, impossible de trouver des traces des chants, des musiques et des danses de cette époque. Les seules traces artistiques qui ont traversé le temps sont constituées par les peintures et les gravures dans les grottes.

être émis à ce sujet. Ces deux industries contemporaines présentent des objets équivalents, qui peuvent laisser penser à des échanges entre les deux populations.

D'ailleurs, en juillet 1976, l'abri sous roche de Saint-Césaire (Charente-Maritime) a livré aux chercheurs le squelette partiel d'un Néandertalien, autour duquel se trouvaient des outils manifestement de facture plus évoluée que ceux provenant du Châtelperronien ou du Moustérien. Les Néandertaliens de cette zone auraient ainsi adopté les techniques introduites par les *sapiens*.

D'autres vestiges, à Arcy-sur-Cure (Yonne) notamment, ont montré qu'à partir d'un même matériau – en l'occurrence l'ivoire –, les Néandertaliens ont utilisé des techniques dif-

CI-DESSOUS ET PAGE DE GAUCHE Même s'il y a probablement eu quelques bribes de culture échangées, Neandertal a dû être fasciné par l'outillage si raffiné et si diversifié de ses contemporains *sapiens*.

CI-CONTRE
Les premiers instruments de musique sont attribués aux Néandertaliens. Toutefois ce sont les *Homo sapiens* qui perfectionneront l'art musical.

Néandertal et sapiens se côtoieront pendant des millénaires. Il n'y a pas eu de guerre entre eux, pas de génocide. Mais il semble qu'ils n'aient pas pu enfanter ensemble une nouvelle Humanité.

férentes de celles des *sapiens* pour fabriquer un bijou percé.

Le débat reste donc largement ouvert en ce qui concerne la manière dont se sont déroulés ces échanges. Comme le souligne Henry de Lumley,

« les barrières culturelles sont beaucoup plus difficiles à franchir que les barrières géographiques ». Toujours est-il que *neandertalensis* et *sapiens*, contemporains en Europe occidentale, pratiquaient les mêmes rites funéraires, utilisaient des outils ou des armes équivalents, connaissaient tous deux la musique. Est-ce *sapiens* qui s'est inspiré des Néandertaliens, ou bien l'inverse ? Les échanges culturels ne peuvent être univoques, mais de nouvelles découvertes seront nécessaires pour préciser la teneur de ces échanges.

L'ART
ET LA NATURE

La naissance de l'art est l'un des témoignages de la capacité d'analyse, de communication, d'abstraction et d'idéalisation des Hommes modernes.

Vers 50 000 à 45 000 ans, les civilisations franchissent un grand pas dans la complexité conceptuelle, en exprimant leur univers symbolique. Les Hommes inventent des modes de représentation qui vont devenir les fondements des arts : peinture, gravure, musique, sculpture, modelage, parures, mobilier funéraire...

Cette explosion artistique a lieu partout dans le monde à la même époque. Pour cette raison, certains spécialistes, comme Jean Clottes, pensent même que l'art, ou du moins le sens artistique, est le propre de l'Homme. Pour le chercheur, ce phénomène serait inscrit dans la nature même de notre espèce. Une caractéristique essentielle, donc.

L'art préhistorique peut se subdiviser en plusieurs catégories. Tout d'abord, on peut distinguer l'art mobilier (statuettes, plaquettes, figurines...) et l'art pariétal (sur les parois des cavernes). Ces deux formes d'art évoluent.

On en connaît les premières formes lors de la période de l'Aurignacien, surtout représenté par l'art mobilier. Des figurines féminines, aux formes avantageuses, apparaissent dans toute l'Europe, entre 25 000 et 20 000 ans. Le site de Hohlenstein-Stadel, en Allemagne, comportait une statuette d'un personnage à tête de lion, représentation symbolique s'il en est. La représentation la plus spectaculaire est sans conteste l'art pariétal, qui se concrétise avec magnificence dès 32 000 ans avec la grotte Chauvet, à Vallon-Pont-d'Arc (Ardèche) ou à Arcy-sur-Cure, un tout petit peu plus tard. Les Hommes de l'Aurignacien développent une expression artistique très élaborée, qui culmine au Magdalénien avec la grotte de Lascaux (Dordogne). Cette grotte, datée de 17 000 ans, compte au moins 600 peintures et 1 500 gravures.

CI-DESSUS
Les parures (colliers, bracelets, etc.) ne sont qu'une des multiples expressions du sens artistique développé par *Homo sapiens*.

L'art épipaléolithique montre une grande diversification des styles utilisés par des chasseurs évolué. Les peintures rupestres représentent très souvent des scènes de chasse avec de grands mammifères herbivores (chevaux, mammouths, bisons, rhinocéros, rennes…). Tout élément de la nature environnante (arbres, montagnes, soleil, étoiles…) est ignoré.

Ces peintures ne se veulent pas des transpositions du monde réel, mais répondent à des codes et conventions très précis. D'autre part, des études ont montré des stries fines sur certaines peintures rupestres, indiquant l'utilisation de pinceaux pourvus de poils.

Malheureusement, bon nombre des supports d'origine végétale n'ont pas été conservés. Bois, écorces, tissus… n'ont pas résisté aux épreuves du temps.Mais les inventaires en cours

CI-DESSOUS ET DOUBLE PAGE SUIVANTE Les Hommes de Cro-Magnon ont laissé beaucoup de traces de leur art, notamment dans les grottes. Mais certaines techniques, comme les peintures corporelles, les chants, les danses, nous sont à jamais perdues.

La peinture à la trace

Dater l'art mobilier du Paléolithique est relativement aisé. Il peut être estimé grâce à la datation des couches géologiques dans lesquelles on retrouve les œuvres.
En revanche,en ce qui concerne l'art pariétal (peintures, gravures, bas-reliefs), il a fallu attendre les récents perfectionnements des techniques de datation. Auparavant, l'abbé Henri Breuil ou Leroi-Gourhan se basaient sur les différents styles pour établir une chronologie. Depuis quelques décennies, on utilise le carbone 14 pour dater les échantillons de peinture, de pigment, de charbon de bois.
Puis l'accélérateur de particules a permis de ne prélever que quelques milligrammes de pigments sur les œuvres, alors qu'il en fallait plusieurs grammes au début des techniques de radiochronologie.
Ces nouvelles méthodes de datation pour l'art pariétal réservent des surprises, révélant parfois plusieurs interventions successives dans les sites : c'est le cas, par exemple, de la grotte Chauvet (datée de 32 000 ans), vers 18 000 ans environ. Ce qui prouve que la mémoire de cet endroit exceptionnel – et certainement magique – s'était perpétuée sur des périodes de temps très longues.

dénombrent déjà plus de 30 millions de figures rupestres, accompagnées de 100 000 objets d'art préhistorique, répartis dans 150 pays à travers le monde. Car peintures et sculptures sur roche se rencontrent dans le monde entier, que ce soit dans le Tassili saharien, les abris du Drakensberg (sud de l'Afrique), le mont Bego et sa vallée des Merveilles (Alpes-de-Haute-Provence), les forêts indonésiennes ou les canyons de l'Utah.

Homo sapiens franchit les océans et migre partout sur la Terre. Cette conquête planétaire est parallèle au développement d'un art étonnamment maîtrisé dès son origine.

DE L'EXPRESSION À LA RELIGION

Nos proches ancêtres se sont enfoncés dans les ténèbres des grottes pour y tracer leurs œuvres. Comment expliquer ces gestes ? Le rituel est-il un moteur de leur expression artistique ?

Dans les représentations de l'art pariétal, les évocations humaines sont très rares. Quand elles existent, elles sont très stylisées, tranchant avec le réalisme parfois quasi photographique des représentations des grands mammifères. Au moment de la découverte de l'art pariétal, à la fin du XIXe siècle, les préhistoriens n'y voient que des manifestations gratuites, de l'art pour l'art. Mais très vite, l'idée que cette expression renferme autre chose s'impose.

En effet, la plupart des peintures sont situées dans des endroits difficiles d'accès, dans le fond des grottes, à l'abri des regards. L'abbé Henri Breuil, dans les années 1950, interprète alors ces lieux comme étant des sanctuaires magiques ou

PAGE DE GAUCHE ET PAGE SUIVANTE
Grâce à des comparaisons avec certaines populations actuelles, on peut supposer que les Hommes de Cro-Magnon se livraient à des pratiques chamaniques, notamment pour leurs rituels funéraires.

religieux, servant pour les rites et les cérémonies. Ces dernières années, l'existence de pratiques chamaniques a été, également, mise en avant.

De plus, certaines représentations non figuratives continuent d'étonner. Des points, des traits, des figures géométriques, qui nous paraissent dénués de sens, seraient, selon André Leroi-Gourhan, des « mythogrammes »,c'est-à-dire des systèmes d'idées. Très différents des hiéroglyphes et indéchiffrables pour nous, ils semblent pourtant avoir un sens très précis. Peut-être est-ce le début d'un langage écrit, un code gestuel comme pour la chasse ? Nous ne le saurons probablement jamais.

La comparaison entre diverses grottes ornées montre les traces d'un véritable langage pictural universel, basé sur une codification des représentations, notamment animales. Mais ce bagage conceptuel très élaboré échappe encore à la compréhension des scientifiques modernes.

Les mains, motif universel

Partout dans le monde, lorsque l'art est présent, des hommes, des femmes et des enfants ont laissé des empreintes de leurs mains. Suivant la technique utilisée, les mains apparaissent en « négatif » ou en « positif ». La technique du pochoir est employée pour les mains négatives. Les artistes soufflent un mélange d'eau et de pigments [ocre, manganèse] de leur bouche sur leur main, qui apparaît ainsi en contour. Les mains positives sont dessinées sur les parois en les appliquant directement,sur la roche après les avoir enduites de peinture. Deux tiers des représentations témoignent de mains aux doigts incomplets. Certains y ont vu des mutilations volontaires, réalisées en signe de deuil ou bien encore pour des rites initiatiques. D'autres chercheurs, comme André Leroi-Gourhan, ont suggéré une explication plus probable, pour ces grands chasseurs, d'autant qu'on n'a retrouvé pour l'instant aucun squelette sur lequel manquaient des phalanges.
Il s'agirait en fait de doigts repliés, un code gestuel, satisfaisant à des rites liés à la chasse.

Cette tradition de l'art pariétal a perduré très longtemps en Europe (pendant plus de 25 000 ans) et de façon équivalente sur des sites éloignés. Cette période suggère ainsi qu'il devait exister un lien très fort entre les populations, un système structuré et rigide de transmission des connaissances, des mythes, des représentations du monde, grâce à une véritable religion. Car la spiritualité est l'une des grandes caractéristiques de l'Homme. Se représenter l'au-delà, enduire ses morts d'ocre rouge et les parer de bijoux, ne pas les laisser tout simplement à la merci des carnivores, symboliser les rapports entre l'Homme et l'animal, idéaliser les relations entre l'Homme et la Femme,

CI-DESSUS, CI-CONTRE ET PAGES SUIVANTES Les premiers *Homo sapiens* inhumaient leurs morts selon des rituels très précis, aidés par un chaman chargé d'ouvrir le passage vers l'au-delà. On ignore si cette pratique fut ou non empruntée à leurs cousins néandertaliens.

font partie d'une vie intérieure certainement unique dans l'histoire de la Vie. Un immense travail demeure à accomplir pour tenter de comprendre cette correspondance entre le monde matériel et le spirituel.

Nous devons bien cela à nos ancêtres. Après tout, si nous sommes là, c'est parce qu'ils ont ouvert la voie…

REPÈRES

LES DIFFÉRENTES ESPÈCES D'HOMINIDÉS

CHRONOLOGIE

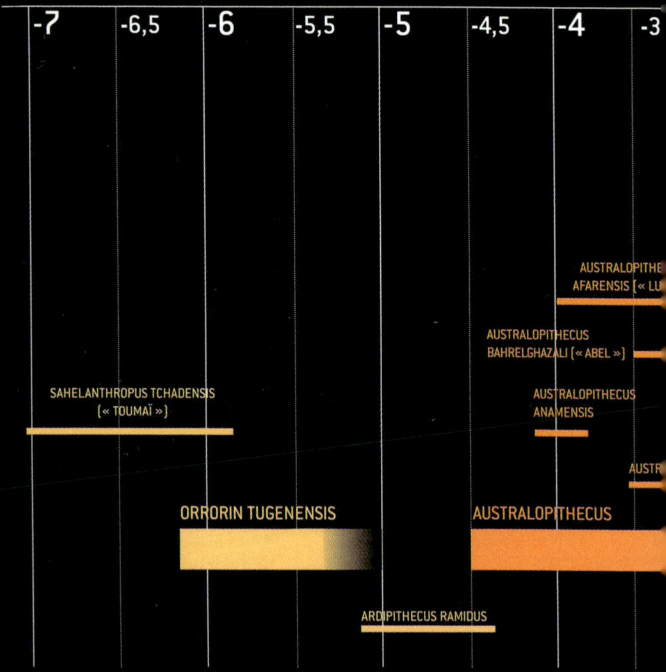

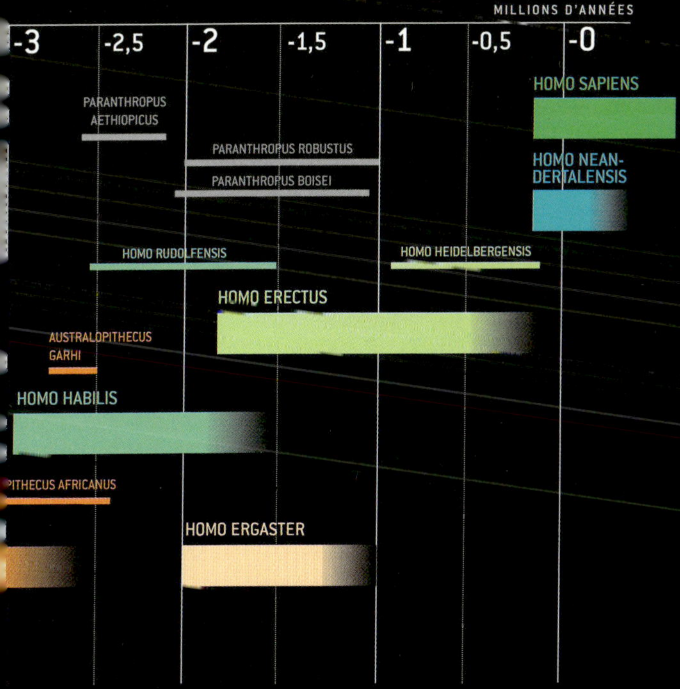
MILLIONS D'ANNÉES
-3
-2,5
-2
-1,5
-1
-0,5
-0
HOMO SAPIENS
PARANTHROPUS AETHIOPICUS
PARANTHROPUS ROBUSTUS
HOMO NEAN-DERTALENSIS
PARANTHROPUS BOISEI
HOMO RUDOLFENSIS
HOMO HEIDELBERGENSIS
HOMO ERECTUS
AUSTRALOPITHECUS GARHI
HOMO HABILIS
PITHECUS AFRICANUS
HOMO ERGASTER

CHRONOLOGIE DES DÉCOUVERTES

1771 mise au jour d'ossements humains très anciens en Allemagne, par Johan Friedrich Esper. Cette découverte constitue le premier Homme préhistorique dont l'Histoire ait retrouvé la trace.

1823 découverte par W. Buckland d'un squelette coloré à l'ocre rouge et entouré de bijoux d'ivoire. La « Dame rouge » est datée de 25 000 ans.

1848 découverte d'un crâne adulte bien conservé à Gibraltar. Ce fossile sera par la suite considéré comme un proche des Néandertaliens.

1856 découverte près de Düsseldorf, en Allemagne, de l'Homme de Neandertal. Il est baptisé en 1864 *Homo neandertalensis*.

1868 découverte en Dordogne du plus célèbre des *Homo sapiens* fossiles : l'Homme de Cro-Magnon.

1892 découverte à Java, en Indonésie, par Eugène Dubois d'un fémur prouvant la bipédie chez les Hominidés fossiles. C'est *Pithecanthropus erectus*, baptisé par la suite *Homo erectus*.

1907 découverte d'une mâchoire de type humain près de Heidelberg, en Allemagne. Datée de 600 000 ans, elle définira l'Homme de Heidelberg, *Homo heidelbergensis*.

1908 découverte de la première sépulture incontestablement néandertalienne à la Chapelle-aux-Saints, en Dordogne, par les frères Bouyssonie. Cette découverte conduit à poser un autre regard sur les Hommes de Neandertal.

1925 découverte par Raymond Dart, en Afrique du Sud, du premier Australopithèque : « l'enfant de Taung », *Australopithecus africanus*.

1927 découverte en Chine de trois dents puis d'une mâchoire inférieure et d'une calotte crânienne. L'Homme de Pékin, ou *Sinanthropus pekinensis*, est daté de 500 000 ans.

1936/1938 découverte en Afrique du Sud d'un crâne d'un nouveau genre à l'aspect quasi humain : *Australopithecus robustus*, daté de 2 millions d'années.

1937 découverte à Java d'un crâne semblable à celui du pithécanthrope de Dubois, âgé de 500 000 ans. L'Homme de Java, l'Homme de Pékin et l'Homme de Heidelberg constituent alors une même espèce que l'on appellera, à partir de 1950, *Homo erectus*.

1940 découverte par des enfants de la grotte de Lascaux, la « chapelle Sixtine de la préhistoire ». Datée de 17 000 ans, elle compte plus de 600 peintures et 1 500 gravures.

1959 découverte par Mary Leakey d'*Australopithecus boisei* (1,75 million d'années) à Olduwai, en Tanzanie.

1960/1964 découverte à Olduwai par Mary et Louis Leakey de restes humains et d'outils de pierre taillée, appartenant à *Homo habilis*.

1967 découverte dans la vallée de l'Omo d'*Australopithecus aethiopicus* (2,5 millions d'années) par C. Arambourg et Y. Coppens.

1971 découverte, dans les Pyrénées-Orientales, de l'Homme de Tautavel, daté de 450 000 ans, par l'équipe de Henry de Lumley.

1974 découverte de la plus célèbre des Australopithèques, « Lucy », par l'équipe dirigée par Y. Coppens, D. Johanson et M. Taïeb, dans le triangle des Afars, en Éthiopie. Elle est datée de 3,15 millions d'années.

1984 découverte à Atapuerca, en Espagne, du site de la Sima de los Huesos, un puits renfermant plus d'une trentaine de squelettes, datés de plus de 300 000 ans (pré-Néandertaliens). La raison de la présence de tant d'individus en ce lieu demeure un mystère.

1985 découverte au lac Turkana, en Tanzanie, d'un squelette très complet de « Turkana Boy », un *Homo ergaster* âgé de 1,6 million d'années.

1985 découverte de la grotte sous-marine Cosquer, datée de 22 000 ans.

1994 découverte de la grotte Chauvet (32 000 ans) en Ardèche, par J.-M. Chauvet.

1995 découverte à Kanapoï, proche du lac Turkana au Kenya, d'*Australopithecus anamensis*, vieux de 4,2 à 3,9 millions d'années.
Découverte au Tchad, par l'équipe de M. Brunet, d'« Abel », un *Australopithecus bahrelghazali* âgé de 3,5 à 3 millions d'années.

1999 découverte d'un crâne d'*Australopithecus garhi* par B. Asfaw à Hata, en Éthiopie.
Découverte de deux crânes d'un Hominidé à Dmanissi, en Géorgie. Baptisé *Homo georgicus*, il s'agirait en fait d'un *Homo ergaster*, daté de 1,7 million d'années.

2000 découverte au Kenya de restes d'Hominidés bipèdes, *Orrorin tugenensis*, connu aussi sous le nom d'« Orrorin », par B. Senut et M. Pickford.
Découverte de la mandibule associée à l'un des crânes de Dmanissi.

2001 découverte au Tchad par l'équipe de M. Brunet de « Toumaï », *Sahelanthropus tchadensis*, constituant le plus vieil Hominidé connu à ce jour (7 millions d'années).
Découverte d'un crâne de *Kenyanthropus platyops* par M. Leakey au Kenya. Âgé de 3,5 millions d'années, c'est un contemporain des Australopithèques.

L'EXPANSION HUMAINE

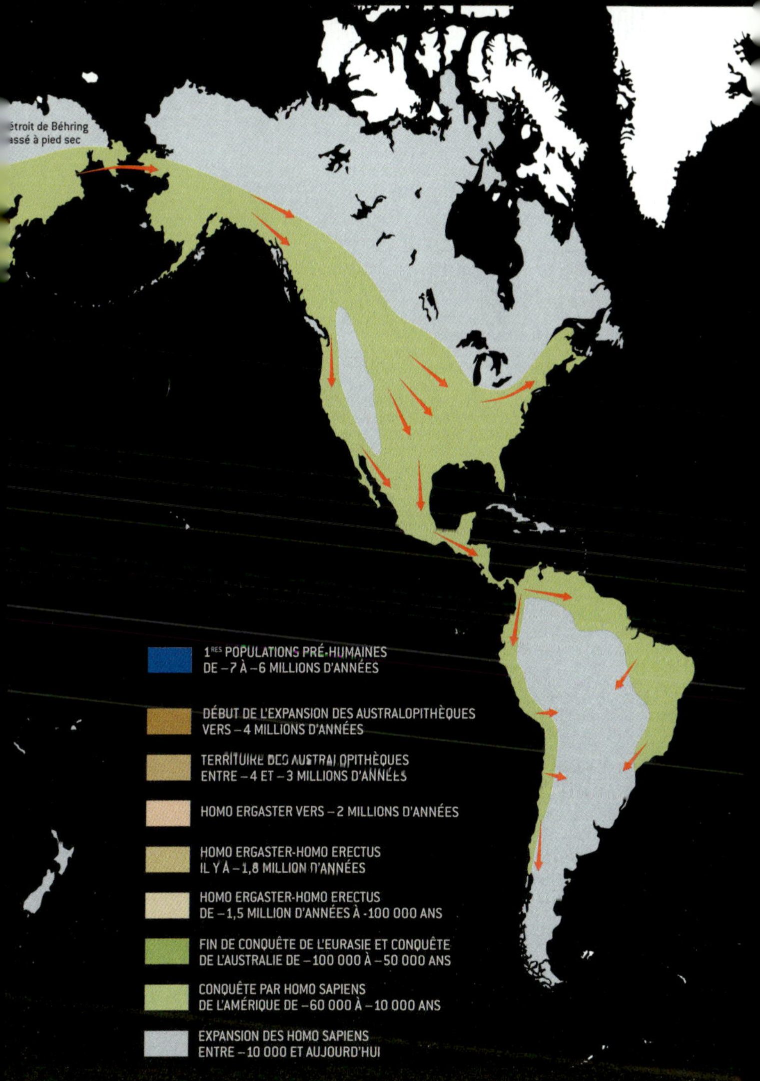
étroit de Béhring
assé à pied sec
1RES POPULATIONS PRÉ-HUMAINES
DE –7 À –6 MILLIONS D'ANNÉES
DÉBUT DE L'EXPANSION DES AUSTRALOPITHÈQUES
VERS – 4 MILLIONS D'ANNÉES
TERRITOIRE DES AUSTRALOPITHÈQUES
ENTRE – 4 ET – 3 MILLIONS D'ANNÉES
HOMO ERGASTER VERS – 2 MILLIONS D'ANNÉES
HOMO ERGASTER-HOMO ERECTUS
IL Y A – 1,8 MILLION D'ANNÉES
HOMO ERGASTER-HOMO ERECTUS
DE – 1,5 MILLION D'ANNÉES À -100 000 ANS
FIN DE CONQUÊTE DE L'EURASIE ET CONQUÊTE
DE L'AUSTRALIE DE – 100 000 À – 50 000 ANS
CONQUÊTE PAR HOMO SAPIENS
DE L'AMÉRIQUE DE – 60 000 À – 10 000 ANS
EXPANSION DES HOMO SAPIENS
ENTRE – 10 000 ET AUJOURD'HUI

LE FILM

Images de synthèse,
capture de mouvements :
pour raconter cette histoire sans témoin,
cette aventure des premiers temps de l'Homme,
l'équipe de *L'Odyssée de l'espèce*
a utilisé les techniques les plus modernes.

L'AVENTURE DES IMAGES

Comment restituer la préhistoire sans la dénaturer ? Comment donner vie à des personnages aussi éloignés de nous qu'Orrorin, Toumaï ou Lucy ? C'est le défi auquel a été confrontée toute l'équipe du film *L'Odyssée de l'espèce*. Et qui a donné naissance aux images de ce livre.

Un passé sans images

Pour restituer les temps les plus reculés, il est impossible de faire jouer des comédiens. La morphologie, mais aussi l'expression, la gestuelle de nos très lointains ancêtres sont trop différentes des nôtres pour être jouées de manière crédible. Lucy, par exemple, ne mesure pas plus de 1,20 m, elle a des bras très longs et de petites jambes. Quand elle marche, elle roule sur ses hanches, ce qui lui donne une démarche très particulière, liée à son squelette. Pas question de faire tenir son rôle par un acteur ! En revanche, *Homo habilis* et ceux qui l'ont suivi commencent à nous ressembler. Avec

CI-CONTRE
Des comédiens jouent les scènes avec des capteurs de mouvement et d'expression.

CI-CONTRE ET PAGES SUIVANTES
Les personnages virtuels sont animés puis « habillés » de peau et de poils.

« Les personnages en 3 D sont émouvants parce que vous les rêvez et, petit à petit, vous les voyez exister. » Jacques Malaterre, réalisateur

un bon maquillage et des prothèses, il devenait possible de transformer des comédiens pour qu'ils leur ressemblent.

Il y a donc deux sortes d'images. Dans les chapitres de ce livre consacrés aux premiers bipèdes et aux Australopithèques, ainsi que pendant le début du film, les personnages sont virtuels : ce sont des images de synthèse incrustées dans des décors filmés. Ensuite, les personnages sont réels, joués par des comédiens : ce sont des images tout à fait classiques.

Des héros virtuels

Orrorin, Toumaï, Lucy et les Australopithèques ont été réalisés en images de synthèse. Dans un premier temps, on a créé des sculptures en trois dimensions qui respectaient la morphologie des futurs personnages. Ces sculptures ont ensuite été modélisées par ordinateur et sont devenues des personnages virtuels.

Dans un deuxième temps, des comédiens ont joué les scènes dans les décors en Afrique du Sud. Ceci a permis au réalisateur et à toute l'équipe

Une grande rigueur scientifique

Sous la direction d'Yves Coppens, toutes les étapes ont été validées par des scientifiques, en fonction des états de la recherche. Pour les personnages virtuels, la locomotion et la gestuelle ainsi que le suivi du travail 3D ont été assurés à la fois par Anne-Marie Bacon (anthropologue, CNRS) pour les squelettes et mouvements, et par Sandrine Prat (anthropologue, Collège de France) pour les crânes et expressions faciales. Pour les personnages réels, Francis Thackeray, du Traansvaal Museum (Afrique du Sud), était responsable de la préparation et des tournages en Afrique du Sud (décors, costumes, accessoires, maquillage) ; Michael Bisson, de l'université de Montréal, l'était pour la création des masques et maquillages d'effets spéciaux sur les comédiens. De même, pour tout ce qui concerne la fiction, il a fallu inventer tout en restant au plus près des connaissances actuelles. Nul ne sait, par exemple, comment nos très lointains ancêtres communiquaient. En revanche, on sait qu'à partir d'*Homo habilis*, le palais commence à exister, permettant la prononciation de syllabes. Les auteurs du film ont ainsi imaginé un langage qui correspond à des capacités tant physiques que psychologiques.

du film de visualiser les scènes dans leur ensemble. Puis ces décors ont été filmés sans personnages afin de servir de fond aux images de synthèse. Dans un troisième temps, les comédiens ont rejoué les scènes en studio avec des capteurs de mouvement. Pour les gros plans, on a réalisé des captures d'expression. Traduits et analysés, ces mouvements et expressions ont servi de base à l'animation des personnages virtuels. Enfin, les personnages animés ont été « habillés » de peau et de poils et placés dans les décors filmés.

Une équipe de quinze graphistes et ingénieurs du studio Mac Guff Ligne a, durant neuf mois, usé de tout son savoir-faire et créé de nouveaux outils numériques pour ressusciter la matière vivante de nos ancêtres. Du grain de la peau au regard acéré, des cicatrices au pelage modelé par le vent, du design des expressions aux interac-

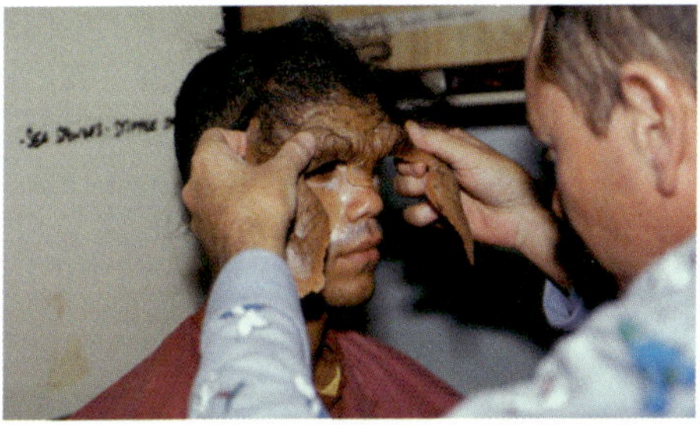

CI-CONTRE
Le maquillage des comédiens : pas moins de quatre heures chaque jour pour chaque personnage.

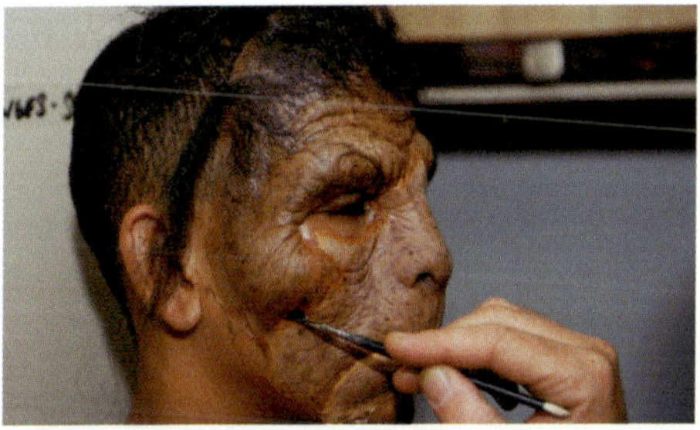

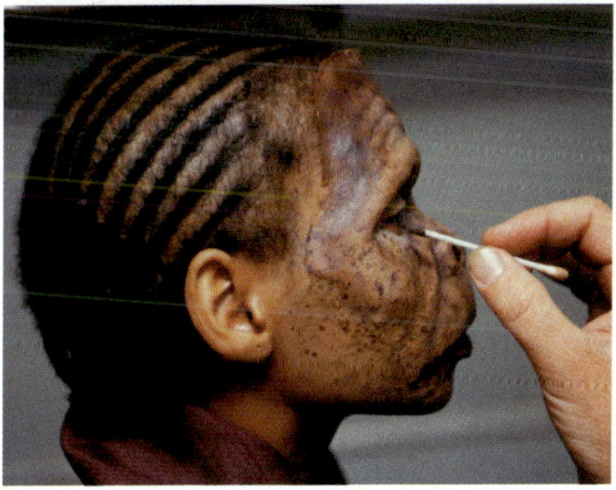

« C'était très beau de voir tous ces chercheurs en train de concrétiser de manière vivante des êtres qu'ils n'avaient que rêvés ou imaginés. »
Jacques Malaterre, réalisateur

tions avec leur milieu, aucun détail n'a été négligé pour insuffler la vitalité brute et l'émotion contagieuse à ces créatures purement… synthétiques.

Des héros réels

Pour transformer les comédiens, un important travail a été accompli par les maquilleurs, costumiers, etc., sous la direction de scientifiques réputés. Il n'a pas fallu moins de 45 acteurs sud-africains pour retracer les aventures d'*Homo habilis*, *Homo erectus*, Neandertal, Cro-Magnon, *Homo sapiens,* et trois mois pour fabriquer les masques (prothèses) nécessaires à leur transformation. Le tournage nécessitait quatre heures de maquillage chaque jour pour chaque acteur.

On leur collait trois parties de latex, puis on leur peignait l'expression, et enfin on les habillait de poils. Une préparation éprouvante sous des températures de 30 à 40° C… Mais, au bout du compte, quand le professeur Thackeray a rencontré l'acteur jouant *Homo habilis*, maquillé selon ses indications, il a téléphoné au professeur Tobias, découvreur d'*Habilis*, et lui a dit : « J'ai quelque chose de plus que toi : je viens de serrer la main d'*Habilis*. »

« Je dirais que le film est une vraie fiction, parce qu'il raconte des histoires, et, en même temps, c'est un film scientifique. » Yves Coppens

LE FILM

En association avec la Société Radio-Canada, Discovery Channel Canada, Channel 4, RAI - Radiotelevisione Italiana - RAI 3, ZDF / ZDF Enterprises, Télévision Suisse Romande, Planète, France 5.

Réalisateur : Jacques Malaterre.
Producteurs : Charles Gazelle et Christian Gerin.
Directeur scientifique : Yves Coppens.
Directrice des documentaires de France 3 : Patricia Boutinard-Rouelle.
Scénaristes du film de 90 minutes : Jacques Dubuisson et Michel Fessler, sur une idée originale de Hervé Dresen.
Scénaristes de la série de 3 x 52 minutes : Hervé Dresen, Jacques Dubuisson et Michel Fessler.
Narration écrite par Frédéric Fougea.
Dialogues : Jacques Dubuisson.
Directeur de la photo : Martial Barrault.
Images de synthèse : Mac Guff Ligne,
Producteur : Jacques Bled ;
Conception et supervision : Philippe Sonrier.
Musique composée par Yvan Cassar.
Directeur artistique de la musique : Jean-Marie Leau.
Création des maquillages : Maestro Studio F/X.
Documentation : Fabrice Demeter - Collège de France, Paris.

Comédiens : Ashley Abrahams, Jean-Sébastien Allaert, Abigail Andrews, Anzel Biehl, Benjamin Bester, Candice Botha, Jacqui Buchanan, Ashton Bulock, Neil Debruyn, Angelique De Vrye, Smanga Dyasi, Garth Ensley, Tiziana Fenotti, Paul Freeth, Leonhard Freidberg, Joy Gexa, Sue Ellen Goeda, Elize Jacobs, Candice Jafta, Xavier Janson, Mathapelo Kgoleng, Eric Lataste, Brett Mc Laren, Lukhanyiso Lubelwana, Sam Jack Mabona, Jonathan Maghienda, Jacob Makgoba, Sibusiso Mhlongo, Jone Gayleen Mitchell, Craig Morris, Wright Ngubane, Sharon Gail Opperman, Julisa Petersen, Johannes Ramothope, Kgomotso Rantao, William Rittmann, Syabonga Thati, Danielle Theron, Dominik Uytenbogaardt, Llewellyn van Rooyen, Gavin van Wyk, Alan White, Marion Williams, Zinhle Zuma.

CRÉDITS PHOTOGRAPHIQUES

Toutes les images de cet ouvrage sont extraites du film
L'Odyssée de l'espèce ou de son tournage : © *Odyssée de l'espèce,*
sauf pour les photographies des pages suivantes :
Pages 12, 18, 20-22, 26, 28-29, 32-34 (d)35-36, 38-40, 42, 44-45, 48-49, 52,
55-56, 57-58, 60, 62, 63, 64, 70-71, 131, 215, 216, 217 : © MacGuff Ligne.
Pages 74, 77-78, 81, 86, 84-85, 91-92, 93, 94, 96, 98-99, 101, 102,
104-105, 106, 109, 110, 113-114, 115, 132-133, 136-137, 219 :
© Sylvain Legrand / France 3.
Page 15 (g) : © Rudolf König/ Jacana ;
p. 15 (d) : © Dimijian/PHR/Jacana ;
p. 13 : © Jors et Petra Wegner/Jacana.

Mise en page : Anne-Danielle Naname

REMERCIEMENTS

Nicolas Buchet tient à remercier le professeur Yves Coppens
de lui avoir confié la tâche de rédiger cet ouvrage.
Chaleureux remerciements également à Fabrice Demeter
pour l'aide précieuse et les conseils judicieux qu'il lui a apportés
lors de la rédaction.

Odile Perrard remercie tout particulièrement Hervé Dresen
et Pascal de Cugnac (Transparences Productions/ 17 juin Productions),
Philippe Sonrier (Mac Guff Ligne) ainsi que Béatrice Austin (France 3),
pour la diligence et la gentillesse dont ils ont toujours fait preuve.
Ses remerciements les plus cordiaux vont également à Nathalie Bailleux
et à Brigitte Leblanc pour leur collaboration efficace et amicale.

Photogravure Point 4 - Paris

Achevé d'imprimer en Espagne par Graficas Estella

Dépôt légal éditeur : 55409-03/2005

Librairie Générale Française - 31, rue de Fleurus - 75278 Parix Cedex 06

Édition 01

ISBN : 2-253-10933-9 31/0933/7